ulmer

Burkhard Bohne

ACHTUNG GIFT PFLANZE!

160 Garten- und Wildpflanzen einfach erkennen

VORWORT

Giftpflanzen sind unsere ständigen Begleiter, auch wenn sie in unserem Alltag nicht immer präsent sind. Wir finden sie in Wäldern, auf Wiesen, auf Äckern und an Wegen, aber auch in Gärten und auf der Fensterbank. Häufig ahnen wir nicht einmal, mit wie vielen giftigen Pflanzen wir zusammenleben. Das ist normalerweise kein Problem, denn als bewusste Menschen wissen wir in der Regel, welche Pflanzen uns schmecken und welche wir besser nicht anrühren sollten. Wenn wir aus Versehen doch einmal giftige Pflanzenteile verspeisen, ist ihr Geschmack so eigen oder bitter, dass wir sie schnell wieder ausspucken. Das ist der Grund, warum es so selten zu Vergiftungsunfällen mit Pflanzen kommt. Tieren geht es ganz genauso. Auch wenn sie Pflanzenfresser sind, lassen sie giftige Pflanzen in der Regel stehen. Scheinbar schützen uns alle die Erfahrung und ein angeborener Instinkt vor Vergiftungen mit Pflanzen. Doch hilft das nicht immer, denn wir Menschen haben uns weit von der Natur entfernt und kennen uns mit Pflanzen immer weniger aus. Auch unsere Haustiere können nicht alle Pflanzen ihrer Umgebung kennen, denn wir haben dafür gesorgt, dass es immer mehr nicht heimische Pflanzen bei uns gibt. Egal ob durch Klimawandel, die Einführung von Zierpflanzen oder durch Neophyten, die Pflanzenwelt ist im ständigen Wandel. Kein Wunder, dass wir nicht alle Pflanzen kennen. Das gilt besonders für Kinder, die extrem neugierig sind, gern mit Pflanzen experimentieren und sie oft auch probieren. Doch es gibt keinen Grund in Panik zu verfallen und giftige Pflanzen aus Haus und Garten zu entfernen. Viel wichtiger ist es, die Pflanzen und die von ihnen ausgehenden Gefahren zu kennen, um im Fall der Fälle richtig reagieren zu können. Dafür ist dieses Buch gemacht!

An dieser Stelle möchte ich mich bei allen Menschen bedanken, ohne die dieses Buch niemals hätte erscheinen können. Als Erstes danke ich meinen Arbeitgebern an der TU Braunschweig. Sie haben es mir ermöglicht, dass ich mich seit vielen Jahren als Leiter des Arzneipflanzengartens hauptberuflich mit Heil- und Giftpflanzen beschäftigen kann. Mein besonderer Dank gilt natürlich dem Verlag Eugen Ulmer, der dieses Buch realisierte. Vielen Dank an Carolin Witte und Alessandra Kreibaum, die meine Arbeit wunderbar begleitet haben, es hat einfach Spaß gemacht! Nicht zuletzt danke ich meiner Frau und meiner Familie, die mir immer Zeit und Gelegenheit gaben, auch in der Freizeit an meinen Pflanzenthemen zu arbeiten.

Burkhard Bohne

WIE PFLANZEN SICH SCHÜTZEN

Pflanzen sind standortgebundene Lebewesen und dienen Tieren und Menschen als Nahrung. Um sich im Spiel der Natur gut behaupten zu können, haben sie im Laufe der Evolution zahlreiche Abwehrmechanismen gegen das Gefressenwerden entwickelt. Besonders auffällig sind mechanische Abwehrmaßnahmen wie Stacheln oder Dornen. Kein Mensch oder Tier kommt auf die Idee, stachelige Rosenzweige oder Kakteen zu essen, denn dabei würden wir uns die Mundschleimhäute verletzen. Auch die Brennhaare der Brennnessel haben eine abschreckende Wirkung, denn sie funktionieren wie kleine Injektionsspritzen. Mit jedem Stich eines Haares wird etwas Sekret in die Haut injiziert und ein Schmerzreiz ausgelöst. Das ist extrem clever, denn so werden die Pflanzen verschmäht und können sich in Ruhe vermehren.

CHEMISCHER SELBSTSCHUTZ

Andere Pflanzen riechen intensiv, schmecken bitter oder scharf oder sind giftig und werden aus diesem Grund nicht gegessen. Hinter diesen Eigenschaften verbergen sich chemische Stoffe. Wir nennen sie sekundäre Pflanzeninhaltsstoffe, die die Pflanzen zu ihrer Verteidigung bilden und oft in großen Mengen speichern. So sind Pflanzen in der Lage, Pilze, Bakterien und Viren abzuwehren und sich vor Krankheiten zu schützen oder auch Raupen, Käfern, Vögeln oder Säugetieren den Appetit zu verderben. Zur Abwehr von Bakterien bilden viele Pflanzen Inhaltsstoffe mit antibiotischer Wirkung. Sie sorgen dafür, dass die Pflanzen gesund bleiben und mechanische Verletzungen ausheilen können. Zu diesen Inhaltsstoffen zählen zum Beispiel Gerbstoffe (Eiche, Pfingstrose, Granatapfel), Senföle (Lauch, Zwiebeln, Senf) oder ätherische Öle (Salbei, Thymian, Minze). Sie sind für Menschen oder Tiere nicht oder kaum giftig und werden häufig zum Würzen in der Küche oder zum Heilen von Krankheiten genutzt. Auch der biologische Gartenbau profitiert von diesen Inhaltsstoffen, denn wir nutzen duftende Kräuter zum Vertreiben von Insekten und scharfstoffhaltige zur Vermeidung von Pilzkrankheiten.

Doch der chemische Selbstschutz der Pflanzen geht noch viel weiter. Manche Pflanzen (Aronstab) lagern in ihren Zellen Kristalle ab. Diese wirken bei Verzehr wie kleine Dolche auf unsere Mundschleimhäute. Wir empfinden sie als reizend oder unangenehm kratzend und spucken die versehentlich gegessenen Pflanzenteile sofort aus. Andere Pflanzen wie Seidelbast oder einige Hahnenfußgewächse wirken hautreizend. Berührungen sind sehr unangenehm und in der Regel fassen wir sie nur einmal an. Außerdem gibt es Pflanzen mit fototoxischer Wirkung (Herkulesstaude, Wein-Raute, Diptam). Sie enthalten sogenannte Furanocumarine, die im Sonnenlicht reagieren und langanhaltende, schmerzhafte Entzündungen auf der Haut hervorrufen. Nach einer solchen Erfahrung lassen wir die entsprechenden Pflanzen ganz bestimmt in Ruhe.

Viele Pflanzen signalisieren ihre Ungenießbarkeit durch einen sehr bitteren oder muffigen Geschmack. Das gilt besonders für Pflanzen mit herzwirksamen Glykosiden (Fingerhut, Maiglöckchen, Oleander) oder auch Alkaloiden (Goldregen, Schierling). Sollten wir Teile von ihnen einmal versehentlich im Mund haben, spucken wir auch diese sofort aus. Andere Pflanzen (Tollkirsche, Tabak) stören das Nervensystem von Menschen und Tieren und werden aus diesem Grund niemals gegessen, das lehren uns negative Erfahrungen. Viele alkaloidhaltige Pflanzen gehören zu den giftigsten Pflanzen, die wir kennen, und werden ausschließlich zu Heilmitteln oder selten zu Genussmitteln verarbeitet. Andere (zum Beispiel Schlafmohn, Stechapfel, Bilsenkraut) wirken berauschend und werden neben ihrer Verwendung als Heilpflanzen häufig als Drogen missbraucht.

Der Diptam zählt zu den fototoxischen Pflanzen. Eine Berührung kann zu Verbrennungen auf der Haut führen.

DIE GIFTIGKEIT IST RELATIV

In der Natur können wir beobachten, dass Giftpflanzen nicht für alle Tiere und Menschen gleich giftig sind. Einige Vogelarten können unbeschadet Tollkirschen fressen. Genauso findet man auf den meisten Giftpflanzen angepasste Insekten, denen das Gift offensichtlich nichts ausmacht. Sie haben sich im Laufe der Evolution an bestimmte Pflanzen angepasst und so eine Nische gefunden, in der sie ungestört leben können. Doch auch die Pflanzen haben sich sehr intelligent entwickelt. Viele Pflanzen sind giftig mit Ausnahme der Früchte oder Samen. Kein Wunder, denn diese haben die Aufgabe, den Fortbestand der ganzen Art zu sichern. Es gibt daher echte Symbiosen zwischen Pflanzen und Tieren. So sind Vögel im Gegensatz zu uns Menschen in der Lage, den hochgiftigen Samen der Eibenfrüchte unverdaut auszuscheiden. Clever, denn der Samen braucht die Säurebehandlung des Vogelmagens, um anderenorts keimen zu können. In der Natur hat also alles seinen Sinn.

Wir sehen, es gibt für Pflanzen viele gute Gründe Giftstoffe zu entwickeln. Zum Glück sind Vergiftungsunfälle heute sehr selten, doch das war nicht immer so. Heilpflanzen wurden beim Sammeln mit Giftpflanzen verwechselt, Giftpflanzen als Rauschmittel missbraucht oder auch in zu hoher Dosierung angewendet und aus vielen Kulturen sind uns Rezepte für Pfeilgifte und Giftmorde überliefert. Bleibt festzuhalten, dass fast jede giftige Pflanze bei richtiger Dosierung auch eine große Heilwirkung hat. Wir tun allerdings gut daran, sie nicht selbst anzuwenden, denn von der erwünschten Heilwirkung bis zur Vergiftung ist es häufig nur ein kleiner Schritt. Die Herstellung von Heilmitteln aus Giftpflanzen gehört ausschließlich in die Hände der pharmazeutischen Industrie.

Für uns alle ist es von großer Bedeutung, giftige Pflanzen zu erkennen und richtig einordnen zu können. In diesem Buch werden weit verbreitete Giftpflanzen vorgestellt und nach der Stärke ihrer Gifte eingeteilt.

IM ERNSTFALL

Bitte beachten Sie, dass die Angaben zu den Vergiftungserscheinungen in diesem Buch keine Grundlage für Diagnosen bilden!

Sollten Sie mit durch Pflanzen verursachten Vergiftungen zu tun haben, kann es lebensrettend sein, die Pflanzen zu identifizieren und die ersten richtigen Maßnahmen einzuleiten.

Bei jedem Verdacht auf schwere Vergiftungen muss sofort der Notarzt gerufen oder eine Klinik aufgesucht werden. Es ist sehr wichtig, die Pflanze oder Pflanzenteile, die vermutlich zu der Vergiftung führten, sicherzustellen und dem Arzt vorzulegen.

Bei leichteren Vergiftungen oder beim Warten auf das Eintreffen des Arztes können folgende Maßnahmen ergriffen werden:

- Hautreizende Gifte werden mit Wasser und Seife abgespült.
- Bei durch den Mund aufgenommenen Giften wird Medizinalkohle gegeben, um die Resorption des Giftes zu reduzieren.

Achtung, bei jeder Vergiftung muss nach Einleitung der Erste-Hilfe-Maßnahmen ein Arzt konsultiert oder eine Klinik aufgesucht werden!

SEHR STARK GIFTIGE PFLANZEN

Zu den sehr stark giftigen Pflanzen zählen krautige Pflanzen, genau wie Bäume und Sträucher, die bei uns in der Natur oder in Gärten wachsen. Auch einige beliebte und weit verbreitete Topfpflanzen gehören dazu. Dabei handelt es sich um Pflanzen oder Pflanzenteile, die schon bei der Aufnahme sehr geringer Mengen lebensgefährlich wirken können. Es ist daher besonders wichtig, sie alle zu kennen und einen sorgfältigen Umgang mit ihnen zu pflegen.

KRAUTIGE PFLANZEN

GEFLECKTER ARONSTAB

Arum maculatum

Der Gefleckte Aronstab stammt aus der Familie der Aronstabgewächse und ist in lichten Laubmischwäldern zu Hause. Er ist eine ausdauernde krautige Pflanze und bildet Rhizome, aus denen grüne, braun gefleckte, spießförmige Blätter treiben. Nach der Blüte erscheinen kolbenartige Fruchtstände mit kugeligen, leuchtend roten Beerenfrüchten. Aronstab wird von Vögeln weit verbreitet und siedelt sich häufig in Gärten und Parks an.

ZAHLEN & FAKTEN

- mehrjährig, 30–50 cm hoch
- grünliche Spatha (Hochblatt) mit gelblichem Kolben von April bis Mai
- halbschattiger bis schattiger Standort
- mag frische bis feuchte, schwach saure bis schwach alkalische Böden mit hohem Nährstoffgehalt
- ganze Pflanze ist sehr stark giftig

>> Giftstoffe und ihre Wirkung: Der Gefleckte Aronstab enthält in großen Mengen Calciumoxalat und Aronin. Schon durch Berühren der Pflanze kann es zu Hautrötungen und Entzündungen kommen. Vergiftungen treten immer wieder durch den versehentlichen Genuss der Beeren auf. Vergiftungserscheinungen sind dann Brennen auf der Zunge, Hautrötungen, Blasen und heftige Entzündungen der Schleimhaut. Später treten Blutungen und Herzrhythmusstörungen auf und schließlich Lähmungen des Zentralnervensystems. Der Gefleckte Aronstab ist auch giftig für Weidevieh, Hunde, Katzen, Kaninchen, Hamster und Vögel.

>> Wissenswertes: Der Aronstab ist eine sehr alte Heilpflanze. Bereits die großen Ärzte der Antike arbeiteten mit dem Kraut. Es wurde auch von den Kräuterkundigen des Mittelalters empfohlen und man nahm an, dass es in der Lage ist, die Potenz zu steigern. Der Volksglaube kennt das Kraut als Schutzpflanze vor Unholden. Heute werden frische Wurzeln des Gefleckten Aronstabes zu homöopathischen Arzneimitteln verarbeitet.

ITALIENISCHER ARONSTAB

Arum italicum

Der Italienische Aronstab stammt aus der Familie der Aronstabgewächse und ist in den Macchien des Mittelmeergebietes zu Hause. Bei uns kommt er in Weinbaugebieten vor und wird als Zierpflanze gepflanzt. In gärtnerischer Kultur finden wir häufig den Geaderten Aronstab (*Arum italicum* 'Pictum') mit seinen auffällig gezeichneten Blättern. Der Italienische Aronstab hat grüne, braun gefleckte, spießförmige Blätter und nach der Blüte kugelige, leuchtend rote Beerenfrüchte, die gelegentlich in der Floristik verwendet werden.

>> Giftstoffe und ihre Wirkung: Aronstab enthält in großen Mengen Calciumoxalat und Aronin. Schon durch Berühren der Pflanze kann es zu Hautrötungen und Entzündungen kommen. Vergiftungen treten immer wieder durch den versehentlichen Genuss der Beeren auf. Vergiftungserscheinungen sind dann Brennen auf der Zunge, Hautrötungen, Blasen und heftige Entzündungen der Schleimhaut. Später treten Blutungen und Herzrhythmusstörungen auf und schließlich Lähmungen des Zentralnervensystems. Der Aronstab ist auch giftig für Weidevieh, Hunde, Katzen, Kaninchen, Hamster und Vögel.

>> Wissenswertes: Der Aronstab gilt als sehr alte Heilpflanze. Bereits die großen Ärzte der Antike verordneten die Pflanze und sie wurde auch von den Kräuterkundigen des Mittelalters empfohlen. Der Volksglaube kennt das Kraut als Schutzpflanze vor Unholden.

ZAHLEN & FAKTEN

- mehrjährig, 20–45 cm hoch
- grünliche Spatha (Hochblatt) mit gelblichem Kolben von April bis Mai
- halbschattiger bis schattiger Standort
- mag frische bis feuchte, schwach saure bis schwach alkalische Böden mit hohem Nährstoffgehalt
- ganze Pflanze ist sehr stark giftig

SCHWARZES BILSENKRAUT

Hyoscyamus niger

Das Schwarze Bilsenkraut gehört zur Familie der Nachtschattengewächse und ist ein Kraut mit spindelförmiger Wurzel. Es wächst in Schuttunkrautgesellschaften, an Mauern und Wegrändern und ist in Europa, Westasien und Nordafrika weit verbreitet. Die Rosettenblätter sind gestielt, die Stängelblätter stängelumfassend, mattgrün, länglich eiförmig und buchtig gezähnt. Nach der Blüte erscheinen bauchige Deckelkapseln mit zahlreichen gelbbraunen Samen. Die Pflanze verströmt einen unangenehmen Geruch.

ZAHLEN & FAKTEN

- 1- bis 2-jährig, 30–60 (100) cm hoch
- trichterförmige Blüten, in Blattachseln stehend, gelblich weiß, violett geadert, Mai bis Oktober
- sonniger Standort
- mag frische bis trockene, kalkhaltige Böden mit hohem Nährstoffgehalt
- ganze Pflanze ist sehr stark giftig, besonders Wurzeln und Samen

>> Giftstoffe und ihre Wirkung: Bilsenkraut enthält in allen Pflanzenteilen Alkaloide. Bei oraler Aufnahme ist zunächst mit Erregung von Heiterkeit bis Tobsucht, Bewusstseinsstörungen und starken Hautrötungen zu rechnen. Später folgen ein trockener Mund, Übelkeit und Erbrechen, heftiger Durst, Pupillenerweiterung und Lähmungen. Der Tod tritt durch Atemlähmung ein. Vorsicht im Umgang mit der Pflanze, bereits 15 Samen gelten für Kinder als tödlich.

>> Wissenswertes: Im Altertum wurde Bilsenkraut als Pfeilgift und für Giftmorde verwendet, aber nachweislich auch als Arzneipflanze. Im Mittelalter galt Bilsenkraut als die Zauberpflanze schlechthin. Sie zählte zu den Rauschdrogen, war häufig Bestandteil von Hexensalben- und Liebestrankrezepturen und wurde auch zum Brauen von Bier verwendet. Wahrsager versetzten sich mit Bilsenkraut in Trance. Doch Vorsicht: Der Missbrauch der Pflanze kann zu schweren, auch lebensgefährlichen Vergiftungen führen.

BLAUER EISENHUT

Aconitum napellus

Der Blaue Eisenhut, auch Echter Eisenhut genannt, ist eine Pflanze der Gebirgswälder und Staudenfluren und wird in Gärten kultiviert. Er ist ein Hahnenfußgewächs und hat 5- bis 7-teilige, dunkelgrüne Blätter. Aus der knollenartig verdickten Wurzel treibt ein aufrechter Blütenstängel mit helmförmigen (Eisenhut-)Blüten und später aufspringenden Balgfrüchten.

>> Giftstoffe und ihre Wirkung: Der Blaue Eisenhut enthält in allen Pflanzenteilen Aconitin, eines der stärksten Pflanzengifte überhaupt. Es wirkt sehr schnell und hat zuerst erregende, später lähmende Wirkung auf sensible und motorische Nerven. Schon der Verzehr von 2–5 mg der giftigen Pflanzenteile können durch Atemlähmung und Herzstillstand zum Tod führen. Aconitin wird auch über die unverletzte Haut aufgenommen. Eisenhut ist eine der giftigsten bei uns vorkommenden Pflanzen, auch für Weidevieh, Hunde, Katzen, Kaninchen, Hamster, Meerschweinchen und Vögel.

>> Wissenswertes: Der Blaue Eisenhut war bereits im Altertum als Giftpflanze bekannt. Er wurde genutzt, um Schwerter und Pfeilspitzen zu vergiften, und erlangte als Mordgift einen zweifelhaften Ruhm. Außerdem war Eisenhut Bestandteil der legendären Hexensalben. Die Knollen wurden früher als Fiebermittel verwendet, was nicht selten zu starken Vergiftungen führte. *Aconitum* ist heute ein verbreitetes homöopathisches Arzneimittel gegen fieberhafte Erkältungskrankheiten, Neuralgien, Ischias und Herzstörungen.

ZAHLEN & FAKTEN

- mehrjährig, 100–200 cm hoch
- helmförmige, blaue Blüten, in Trauben stehend, von Juni bis August, Nachblüte im Herbst
- absonniger bis halbschattiger Standort
- mag frische bis feuchte, schwach saure bis schwach alkalische Böden mit hohem Nährstoffgehalt
- ganze Pflanze ist sehr stark giftig, besonders Wurzeln und Samen

FUCHS-EISENHUT

Aconitum lycoctonum subsp. *vulparia*

Der Fuchs-Eisenhut ist eine Pflanze der Auwälder und feuchten Laubmischwälder und wird gelegentlich in Gärten kultiviert. Er gehört zur Familie der Hahnenfußgewächse und hat handförmig geteilte, grüne Blätter. Der Blütenstängel steht aufrecht und hat helmförmige (Eisenhut-)Blüten und später aufspringende Balgfrüchte.

ZAHLEN & FAKTEN

- mehrjährig, 100–140 cm hoch
- helmförmige, hellgelbe oder grüngelbe Blüten, in Trauben stehend, von Juni bis August
- absonniger bis schattiger Standort
- mag frische, neutrale bis alkalische Böden mit hohem Nährstoffgehalt
- ganze Pflanze ist sehr stark giftig, besonders Wurzeln und Samen

>> Giftstoffe und ihre Wirkung: Der Fuchs-Eisenhut enthält genau wie der Blaue Eisenhut in allen Pflanzenteilen Aconitin, eines der stärksten Pflanzengifte überhaupt. Es wirkt sehr schnell und hat zuerst erregende, später lähmende Wirkung auf sensible und motorische Nerven. Schon der Verzehr von 2–5 mg der giftigen Pflanzenteile können durch Atemlähmung und Herzstillstand zum Tod führen. Aconitin wird auch über die unverletzte Haut aufgenommen. Eisenhut ist eine der giftigsten bei uns vorkommenden Pflanzen, auch für Tiere (siehe auch Blauer Eisenhut, Seite 13).

>> Wissenswertes: Seit Jahrhunderten gilt Eisenhut wegen seiner Giftigkeit und außergewöhnlichen Optik als Symbolpflanze der Rache und der verbotenen Liebe. Der griechischen Sage nach entstand sie in der Unterwelt. Eisenhut wuchs dort im Garten der Göttin Hekate. Als Herkules in die Unterwelt kam, um den Höllenhund Kerberos in die Welt der Lebenden zu entführen, wehrte sich dieser heftig. Wo sein Geifer auf den Boden tropfte, wuchsen die ersten Eisenhutpflanzen. Die Germanen nutzten Extrakte des Fuchs-Eisenhutes zur Vergiftung von Wölfen und Füchsen.

GELBER FINGERHUT

Digitalis lutea

Der Gelbe Fingerhut ist eine krautige Pflanze aus der Familie der Wegerichgewächse und besiedelt Waldränder, Waldschläge, lichte Wälder. Er wird auch in Gärten kultiviert. Er bildet im ersten Jahr Blattrosetten mit schmal bis eiförmig lanzettlichen Blättern, die kahl, unregelmäßig gesägt und am Rand bewimpert sind. Nach der Blüte bildet der Fingerhut Kapselfrüchte mit zahlreichen, sehr kleinen Samen. Alle Fingerhutarten (*Digitalis grandiflora, Digitalis lanata, Digitalis purpurea*) gelten als stark bis sehr stark giftig.

>> **Giftstoffe und ihre Wirkung:** Fingerhut enthält herzwirksame Glykoside. Bei Verzehr kommt es zu Übelkeit und Erbrechen, Magen-Darm-Koliken, Abfallen der Herzfrequenz, Sehstörungen, Lähmungen und Krämpfen. Der Tod tritt durch Herzstillstand ein. Fingerhut ist auch giftig für Weidevieh, Hunde, Katzen, Kaninchen, Hamster, Meerschweinchen und Vögel.

>> **Wissenswertes:** Der Gelbe Fingerhut kann ähnlich eingesetzt werden wie der Rote Fingerhut und wird vermutlich schon genauso lange zur Behandlung verschiedener Krankheiten verwendet. Da zwischen wirksamer und toxischer Dosis nur eine geringe Differenz liegt, ist seine Anwendung nicht unproblematisch. In der modernen Medizin gilt der Gelbe Fingerhut, genau wie der Großblütige und der Wollige Fingerhut, als Ersatzdroge für den Roten Fingerhut und wird heute gelegentlich zur Gewinnung der Reinglykoside angebaut. Diese sind Bestandteil von Spezialpräparaten zur Behandlung von Herzschwäche.

ZAHLEN & FAKTEN

- 2-jährig bis ausdauernd, 30–80 cm hoch
- Blüten rachenförmig, in Trauben stehend, gelb, Juni bis Juli
- sonniger bis absonniger Standort
- mag trockene, warme, kalkhaltige, steinige Böden mit normalem bis hohem Nährstoffgehalt
- ganze Pflanze ist sehr stark giftig

ROTER FINGERHUT

Digitalis purpurea

Der Rote Fingerhut, auch Waldglocke genannt, stammt aus der Familie der Wegerichgewächse und besiedelt Waldränder, Waldschläge, lichte Wälder und wird in Gärten kultiviert. Fingerhüte bilden im ersten Jahr Blattrosetten mit bis zu 20 cm langen, eilanzettlichen Blättern, die oberseits grün und flaumig behaart, unterseits grau und filzig sind. Nach der Blüte bildet der Fingerhut Kapselfrüchte mit zahlreichen, sehr kleinen Samen. Alle Fingerhutarten (*Digitalis grandiflora, Digitalis lanata, Digitalis lutea*) gelten als stark bis sehr stark giftig.

ZAHLEN & FAKTEN

- 2-jährig, 80–150 cm hoch
- Blüten rachenförmig, in Trauben stehend, purpurrot, innen gefleckt, Juni bis Juli
- absonniger bis halbschattiger Standort
- mag frische bis feuchte, eher saure Böden mit normalem bis hohem Nährstoffgehalt
- ganze Pflanze ist sehr stark giftig

>> **Giftstoffe und ihre Wirkung:** Fingerhut enthält herzwirksame Glykoside. Bei Verzehr kommt es zu Übelkeit und Erbrechen, Magen-Darm-Koliken, Abfallen der Herzfrequenz, Sehstörungen, Lähmungen und Krämpfen. Der Tod tritt durch Herzstillstand ein. Fingerhut ist auch giftig für Weidevieh, Hunde, Katzen, Kaninchen, Hamster, Meerschweinchen und Vögel.

>> **Wissenswertes:** Der Rote Fingerhut war im Altertum unbekannt. Er soll zuerst im 5. Jahrhundert in Irland bei verschiedenen Krankheiten wie Leber- und Milzleiden, Epilepsie und auch als Wundkraut eingesetzt worden sein. In der modernen Medizin gilt der Rote Fingerhut als eine der ersten angewandten Arzneipflanzen. Da zwischen wirksamer und toxischer Dosis nur eine geringe Differenz liegt, ist seine Anwendung nicht unproblematisch. Der Rote Fingerhut wird heute zur Gewinnung der Reinglykoside angebaut. Diese sind Bestandteil von Spezialpräparaten zur Behandlung von Herzschwäche.

HUNDSPETERSILIE

Aethusa cynapium

Die Hundspetersilie gehört zu den giftigsten Doldenblütengewächsen, die wir bei uns haben. Sie wächst auf Schuttflächen, an Wegen und auf Äckern. Die Hundspetersilie hat 2- bis 3-fach gefiederte, grüne Blätter, die dem Wiesenkerbel ähneln. Typisches Merkmal ist ein unangenehmer Geruch, der an Mäuse erinnert. Die Pflanze blüht in weißen Dolden und hat später kugelige Früchte.

>> **Giftstoffe und ihre Wirkung:** Hundspetersilie enthält das Alkaloid Aethusin, das mit dem im Schierling enthaltenen Coniin vergleichbar ist. Vergiftungserscheinungen sind Brennen in Mund und Rachen, kalter Schweiß, Pupillenerweiterung und Sehstörungen. Es folgen Erbrechen, Durchfälle und Bauchschmerzen. Später trübt sich das Bewusstsein, es kommt zu aufsteigenden Lähmungen und der Tod erfolgt durch Atemlähmung. Hundspetersilie ist auch für Pferde, Rinder, Schweine, Hunde, Katzen, Kaninchen, Meerschweinchen und Vögel stark giftig.

>> **Wissenswertes:** Die Pflanze war schon in prähistorischen Zeiten bekannt und wurde im Mittelalter als Heilpflanze genutzt. Hundspetersilie ist gelegentlich als Wildpflanze in unseren Gärten zu finden. Da sie leicht mit der glattblättrigen Petersilie verwechselt werden kann, wurde schon vor langer Zeit die krausblättrige Form der Petersilie gezüchtet und seitdem als Küchenkraut bevorzugt. Heute werden beide Formen der Petersilie angebaut. Die Homöopathie setzt Hundspetersilie bei verschiedenen Arten von Krämpfen ein.

ZAHLEN & FAKTEN

- 1-jährig, 50–80 cm hoch
- weiße Doldenblüten von Mai bis Juni
- sonniger Standort
- mag frische bis feuchte, stickstoffhaltige Böden
- ganze Pflanze ist sehr stark giftig, besonders die Früchte

GEWÖHNLICHES MAIGLÖCKCHEN

Convallaria majalis

Das Maiglöckchen ist eine Pflanzenart aus der Familie der Spargelgewächse. Es ist heimisch und in lichten Laubwäldern und Gärten weit verbreitet. Es hat dünne, kriechende, ausläuferartige Rhizome, aus denen im Frühjahr Blätter und Blüten austreiben. Die Blätter stehen zu zweit oder zu dritt, sind glänzend hellgrün oder grün, ledrig und breit lanzettlich. Ausgerollt erreichen sie eine Länge von 10–20 cm. Die Früchte sind dreifächrige Beeren und färben sich bei Reife leuchtend rot.

ZAHLEN & FAKTEN

- mehrjährig, 15–20 cm hoch
- weiße breitglockige Blüten, in Trauben stehend, stark duftend, Mai
- absonniger bis halbschattiger Standort
- mag trockene bis frische, neutrale bis alkalische Böden mit geringem bis normalem Nährstoffgehalt
- ganze Pflanze ist sehr stark giftig

>> Giftstoffe und ihre Wirkung: Das Maiglöckchen enthält in allen Teilen herzwirksame Glykoside. Bei oraler Aufnahme kommt es zu Übelkeit, Erbrechen und Durchfall. Es folgen Herzrhythmusstörungen, zunächst hoher, später niedriger Blutdruck, Herzschwäche und Herzstillstand. Bei Berührung ist mit Haut- und Augenreizungen zu rechnen. Junge Maiglöckchen werden häufig mit Bärlauch verwechselt, was immer wieder zu Vergiftungsunfällen führt. Schwere Vergiftungen können bei der Waldmast von Nutztieren auftreten. Außerdem sind Maiglöckchen giftig für Hunde, Katzen, Kaninchen, Hamster, Meerschweinchen und Vögel.

>> Wissenswertes: Im Mittelalter war das Kraut häufig Bestandteil von Liebestränken. Die Äbtissin Hildegard von Bingen hat es erstmals für die Heilkunde empfohlen. Die stark wirksamen Herzglykoside der Pflanze werden heute nur noch als Reinsubstanzen in Arzneimitteln verwendet. Homöopathische Anwendungsgebiete sind Herzschwäche und Herzmuskelstörungen.

BALKAN-NIESWURZ

Helleborus purpurascens

Die Balkan-Nieswurz, auch Purpur-Nieswurz oder Balkan-Lenzrose genannt, ist eine klein bleibende *Helleborus*-Art. Sie stammt aus der Familie der Hahnenfußgewächse und ist in Osteuropa zu Hause. Sie wächst dort auf Bergwiesen und bei uns als Zierpflanze in Gärten. Die Blätter sind sommergrün, 7- bis mehrteilig, die Blättchen elliptisch, gezähnt, dunkelgrün, rötlich überlaufen und ledrig. Die Pflanze bildet nach der Blüte Balgfrüchte aus. Alle Nieswurzarten (*Helleborus viridis*, *Helleborus niger*) bilden Rhizome und können am passenden Standort sehr alt werden.

>> Giftstoffe und ihre Wirkung: Die Wurzeln (Nieswurz) enthalten Helleborin, Blüten, Blätter und Stängel Ranuncosid. Nach oraler Aufnahme treten Entzündungen des Mundes, Übelkeit, Durchfall, Gefäßkrämpfe, erweiterte Pupillen, Atemnot, brennender Durst und Herzrhythmusstörungen auf. Der Tod erfolgt durch Atemlähmung. Vorsicht auf Bergweiden, Vergiftungen können auch bei Pferden und Wiederkäuern auftreten. Nieswurz ist auch giftig für Hunde, Katzen, Kaninchen, Hamster, Meerschweinchen und Vögel.

>> Wissenswertes: Die verschiedenen Nieswurzarten wurden bereits in der Antike als Heilpflanzen verwendet. Später fanden sie Verwendung als Wurmmittel und als Schnupftabak, was häufig zu schweren Vergiftungen führte. Heute wird die Pflanze ausschließlich homöopathisch verwendet. Nieswurzarten sind attraktive Zierpflanzen und zogen bereits im 16. Jahrhundert in die Gärten ein.

ZAHLEN & FAKTEN

- mehrjährig, 30–40 cm hoch
- schalenförmige Einzelblüten, purpurfarben, manchmal blasser, März bis April
- sonniger bis absonniger Standort
- mag frische, humose, kalkhaltige Böden mit normalem bis hohem Nährstoffgehalt
- ganze Pflanze ist sehr stark giftig

SCHWARZE NIESWURZ

Helleborus niger

Die Schwarze Nieswurz, auch Christrose oder Schneerose genannt, stammt aus der Familie der Hahnenfußgewächse und ist in Mittel- und Südeuropa zu Hause. Sie wächst in Wäldern und als Zierpflanze in Gärten. Die Blätter sind wintergrün, 7- bis mehrteilig, die Blättchen elliptisch, gezähnt, dunkelgrün und ledrig. Die Pflanze bildet nach der Blüte Balgfrüchte aus. Alle Nieswurzarten (*Helleborus viridis*, *Helleborus purpurascens*) bilden Rhizome und können am passenden Standort sehr alt werden.

ZAHLEN & FAKTEN

- mehrjährig, 10–30 cm hoch
- schalenförmige Einzelblüte, weiß, Dezember bis März
- absonniger bis halbschattiger Standort
- mag frische, humose, kalkhaltige Böden mit normalem bis hohem Nährstoffgehalt
- ganze Pflanze ist sehr stark giftig

>> **Giftstoffe und ihre Wirkung:** Die Wurzeln (Nieswurz) enthalten Helleborin, Blüten, Blätter und Stängel Ranuncosid. Nach oraler Aufnahme treten Entzündungen des Mundes, Übelkeit, Durchfall, Gefäßkrämpfe, erweiterte Pupillen, Atemnot, brennender Durst und Herzrhythmusstörungen auf. Der Tod erfolgt durch Atemlähmung. Vorsicht auf Bergweiden, Vergiftungen können auch bei Pferden und Wiederkäuern auftreten. Die Schwarze Nieswurz ist auch giftig für Hunde, Katzen, Kaninchen, Hamster, Meerschweinchen und Vögel.

>> **Wissenswertes:** Die verschiedenen Nieswurzarten wurden bereits in der Antike als Heilpflanzen verwendet. Später fanden sie Verwendung als Wurmmittel und Schnupftabak, was häufig zu schweren Vergiftungen führte. Heute wird die Pflanze ausschließlich homöopathisch verwendet. Die Christrose ist eine attraktive Zierpflanze und zog bereits im 16. Jahrhundert in die Gärten ein.

STINKENDE NIESWURZ

Helleborus foetidus

Die Stinkende Nieswurz oder Palmblatt-Nieswurz stammt aus der Familie der Hahnenfußgewächse und ist in Westeuropa zu Hause. Sie wächst in trockenen Mischwäldern, an Hängen und als Zierpflanze in Gärten. Die Blätter sind wintergrün, 11- bis 12-teilig, die Blättchen elliptisch, ganzrandig bis gezähnt, grün und ledrig. Sie können unangenehm riechen. Die Pflanze bildet nach der Blüte Balgfrüchte aus. Bei dieser Art handelt es sich um eine kurzlebige, verholzende Staude, die selten älter als 3–4 Jahre alt wird.

>> Giftstoffe und ihre Wirkung: Beim Verzehr der verschiedenen Nieswurzarten können folgende Vergiftungserscheinungen auftreten: Kratzen in Mund und Rachen, erhöhter Speichelfluss, Durchfall, Erbrechen, Koliken, Pupillenerweiterung und Atemnot. Der Tod erfolgt durch Atemlähmung. Nieswurz ist auch giftig für Weidevieh, Hunde, Katzen, Kaninchen, Hamster, Meerschweinchen und Vögel.

>> Wissenswertes: Die verschiedenen Nieswurzarten waren bereits in der Antike als Heilpflanzen bekannt. Die Wurzeln der Stinkenden Nieswurz wurden volksmedizinisch als Wurm-, Brech- und Abführmittel sowie bei Menstruationsbeschwerden verwendet. Da bei der Verwendung der Pflanze erhebliche gesundheitliche Risiken überwiegen, ist diese heute nicht mehr zu vertreten.

ZAHLEN & FAKTEN

- mehrjährig, 30–50 cm hoch
- glockenförmige Blüten, hellgrün, rotbraun gerandet, reichblühend, zart duftend, Januar bis März
- sonniger bis halbschattiger Standort
- mag trockene, durchlässige, kalkhaltige Böden mit normalem Nährstoffgehalt
- ganze Pflanze ist sehr stark giftig

GEFLECKTER SCHIERLING

Conium maculatum

Der Gefleckte Schierling zählt zu den giftigsten Pflanzen, die wir kennen. Er wächst auf Brachland, an Wegen, an Ufern und auf Äckern. Schierling ist ein Doldenblütengewächs und hat 2- bis 3-fach gefiederte, dunkelgrüne, unterseits graugrüne Blätter. Der Blütenstängel ist hohl, fein gerillt, bläulich bereift und im unteren Bereich rot gefleckt. Die ganze Pflanze riecht unangenehm nach Mäuseharn.

ZAHLEN & FAKTEN

- 2-jährig, 100–250 cm hoch
- weiße Doldenblüten, Juni bis August
- sonniger bis absonniger Standort
- mag frische bis feuchte Böden mit hohem Nährstoffgehalt
- ganze Pflanze ist sehr stark giftig, besonders die unreifen Früchte

>> Giftstoffe und ihre Wirkung: Schierling enthält in allen Pflanzenteilen das starkgiftige Alkaloid Coniin. Das Gift wird sehr schnell über Haut und Schleimhäute aufgenommen und führt zunächst zu Brennen in Mund und Rachen. Später folgen erhöhter Speichelfluss, Schluckbeschwerden und Lähmungen der Zunge sowie Erbrechen, Durchfall und Schweißausbrüche. Hohe Dosierung führt zu aufsteigenden Lähmungen, Kälte und Gefühllosigkeit. Der Tod erfolgt durch Atemlähmung, meist bei vollem Bewusstsein. Schierling ist auch giftig für Weidevieh, Hunde, Katzen, Kaninchen, Hamster, Meerschweinchen und Vögel.

>> Wissenswertes: Die Giftigkeit des Schierlings war schon im Altertum bekannt. Der Saft wurde zu Giftmorden und zur Vollstreckung von Todesurteilen verwendet, Schierling galt aber bei den antiken Ärzten auch als Heilpflanze. Im Mittelalter war Schierling Bestandteil von Hexensalbenrezepturen und Schierlingssaft wurde als lokales Narkosemittel verwendet. Später galt die Pflanze als Mittel gegen Krampfhusten und Nervenschmerzen.

WEISSER STECHAPFEL

Datura stramonium

Der Weiße oder Gemeine Stechapfel stammt aus der Familie der Nachtschattengewächse und kommt häufig auf warmen Schuttflächen, an Mauern und an Wegrändern vor. Die Blätter sind eiförmig, buchtig gelappt, dunkelgrün, unterseits graugrün und haben einen intensiven Geruch (gekochte Kichererbsen). Die namensgebenden Früchte sind 4-teilige, stachelige Kapseln, die als sogenannte Wintersteher bis in das Frühjahr hinein ihre Samen ausstreuen. Auch der gelegentlich als Zierpflanze angebaute, violett blühende Flaumige Stechapfel (*Datura metel*) ist sehr stark giftig.

» **Giftstoffe und ihre Wirkung:** Der Stechapfel enthält Alkaloide und schon die orale Aufnahme sehr geringer Mengen führt zu Erregung von Heiterkeit bis Tobsucht. Es folgen Übelkeit, Hautreizungen, Sinnestäuschung und Benommenheit, Pupillenerweiterung und Sehstörungen. Bei hoher Dosierung tritt der Tod durch Atemlähmung ein. Stechapfel ist auch giftig für Weidevieh, Hunde, Katzen, Kaninchen, Hamster, Meerschweinchen und Vögel, wenn auch weniger gefährlich.

» **Wissenswertes:** Kaum eine andere Pflanze hat eine so hervorragende Bedeutung als Heil- und Zauberpflanze in der Kulturgeschichte der Menschheit gefunden. Sie wurde von vielen Völkern der Erde genutzt. Die Blätter wurden als Rauschmittel sowie als Bestandteil von Hexensalben verwendet und aus den Samen wurden Liebestränke zubereitet. Heute ist der Extrakt Bestandteil von Präparaten gegen Krampfhusten, asthmatische Beschwerden und Parkinson.

ZAHLEN & FAKTEN

- 1-jährig, 40–100 cm hoch
- trichterförmige Einzelblüten, weiß, selten violett, nachts stark duftend, Juni bis September
- sonniger bis absonniger Standort
- mag trockene bis frische Böden mit hohem bis sehr hohem Nährstoffgehalt
- ganze Pflanze ist sehr stark giftig, besonders Wurzeln und Samen

VIRGINISCHER TABAK

Nicotiana tabacum

Der Virginische Tabak stammt aus der Familie der Nachtschattengewächse. Er ist die wirtschaftlich bedeutendste Tabakart und wird in einer Vielzahl von Sorten für die Industrie angebaut. Die Pflanze stammt ursprünglich aus dem westlichen Südamerika, ist heute aber nur noch als Kulturpflanze zu finden. Tabak ist an allen Teilen klebrig behaart und hat eiförmig bis elliptische Blätter, die bis 50 cm lang werden. Die Frucht ist eine eiförmige, aufspringende Kapsel mit zahlreichen Samen.

ZAHLEN & FAKTEN

- 1-jährig, 100–300 cm hoch
- trichterförmige Einzelblüten, rosa, in Rispen stehend, Juni bis September
- sonniger Standort
- mag frische Böden mit hohem Nährstoffgehalt
- ganze Pflanze ist sehr stark giftig, Ausnahme: reife Samen

>> Giftstoffe und ihre Wirkung: Tabak enthält Nikotin und andere Alkaloide. Nikotin ist ein starkes Nervengift, für Erwachsene ist die orale Aufnahme von 40–60 mg (enthalten im Tabak von 2–3 Zigaretten) die tödliche Dosis. Vergiftungserscheinungen sind Brennen in Mund und Rachen, Übelkeit, Erbrechen, Herzrhythmusstörungen, Krämpfe und Sehstörungen. Der Tod erfolgt durch Atemlähmung. Tabak ist auch giftig für Weidevieh, Hunde, Katzen, Kaninchen, Hamster und Meerschweinchen.

>> Wissenswertes: Die Indianer Südamerikas nutzten verschiedene Tabakarten als Narkotikum und für rituelle Zwecke. Um 1560 brachten Spanier erstmals Samen nach Europa, wo der Tabak zunächst als Zierpflanze kultiviert wurde. Wenig später wurden auch hier die fermentierten Blätter zu Genussmitteln verarbeitet und es entstand ein großer Industriezweig. Tabak wird auch zur Gewinnung von Nikotinsäure angebaut, Wirkstoff von verschiedenen Arzneimitteln und Insektiziden.

ECHTE TOLLKIRSCHE

Atropa bella-donna

Die Tollkirche, auch Waldnachtschatten genannt, wächst in unseren Wäldern und an Waldrändern. Sie gehört zur Familie der Nachtschattengewächse und hat graugrüne, breit eiförmige bis lanzettliche Blätter, vor allem die jüngeren sind flaumig behaart. Nach der Blüte erscheinen die schwarz glänzenden, kirschähnlichen Beerenfrüchte.

>> Giftstoffe und ihre Wirkung: Tollkirschen enthalten das Alkaloid Atropin und dürfen niemals verzehrt werden. Der Missbrauch kann zu schweren, auch lebensgefährlichen Vergiftungen führen. Innerhalb von 15 Minuten stellen sich Rötungen des Gesichts, Trockenheit der Schleimhaute und Pulsbeschleunigung ein. Später folgen Pupillenerweiterung, Unruhe, Halluzinationen und Tobsuchtsanfälle (Tollkirsche). Der Tod tritt durch Atemlähmung ein. Die Tollkirsche ist auch giftig für Weidevieh, Hunde, Katzen, Kaninchen, Hamster, Meerschweinchen und Vögel.

>> Wissenswertes: Die Giftwirkung der Tollkirsche war bereits in der Antike bekannt, ihre Heilwirkung wurde allerdings erst in den Kräuterbüchern des Mittelalters beschrieben. Die Tollkirsche diente zur Herstellung von Gift- und Liebestränken und war Bestandteil von Hexensalben. Heute sind die Inhaltsstoffe der Tollkirsche Bestandteil von Fertigpräparaten gegen krampfartige Schmerzen des Magen- und Darmtraktes, Parkinson, Rheuma sowie bei Bronchialasthma. Atropin wird in der Augenheilkunde verwendet und gilt als Gegenmittel bei Vergiftungen.

ZAHLEN & FAKTEN

- mehrjährig, 50–150 cm hoch
- glockenförmige Einzelblüten, braunviolett, am Grund gelblich, Juni bis September
- absonniger bis halbschattiger Standort
- mag frische, neutrale bis alkalische Böden mit hohem Nährstoffgehalt
- ganze Pflanze ist sehr stark giftig

KRAINER TOLLKRAUT

Scopolia carniaolica

Das Krainer Tollkraut ist in Mitteleuropa zu Hause und gehört zur Familie der Nachtschattengewächse. Es ist mehrjährig und bildet fleischige, dicke, horizontal verlaufende Rhizome. Die Blätter sind grün, 8–20 cm lang, verkehrt eiförmig und zugespitzt. Nach der Blüte erscheinen trockene Kapselfrüchte mit Samen. Blätter und Blüten erinnern an die Tollkirsche (*Atropa belladonna*), die Pflanze wächst aber insgesamt gedrungener.

ZAHLEN & FAKTEN

- mehrjährig, 30–60 cm hoch
- röhrig-glockige Einzelblüten, braunviolett, April bis Mai
- halbschattiger bis lichtschattiger Standort
- humose, frische Böden mit normalem Nährstoffgehalt
- ganze Pflanze ist sehr stark giftig, besonders die Wurzel

>> Giftstoffe und ihre Wirkung: Das Tollkraut enthält genau wie die Tollkirsche Alkaloide. Bei oraler Aufnahme stellen sich innerhalb von 15 Minuten folgende Vergiftungserscheinungen ein: Rötung des Gesichts, Trockenheit der Schleimhäute, Pulsbeschleunigung, Pupillenerweiterung, Unruhe, Halluzinationen. Später folgen Tobsuchtsanfälle (Tollkraut), der Tod erfolgt durch Atemlähmung. Achtung, die Giftaufnahme ist auch durch die Haut möglich. Tollkraut ist auch giftig für Weidevieh, Hunde, Katzen, Kaninchen, Hamster, Meerschweinchen und Vögel.

>> Wissenswertes: Tollkraut ist eine alte Heilpflanze, allerdings wird sie wegen ihrer starken Giftigkeit nicht mehr verwendet. Tollkraut wird heute zur Gewinnung von Hyoscyamin bzw. Atropin angebaut, Wirkstoffe für verschiedene Fertigpräparate. Seine Extrakte sind Bestandteil von Präparaten gegen krampfartige Beschwerden im Magen-Darm-Bereich, der Gallen- und der ableitenden Harnwege.

GIFTIGER WASSERSCHIERLING

Cicuta virosa

Der Wasserschierling, auch Gift-Wasserschierling oder Wüterich genannt, ist eine Wasserpflanze aus der Familie der Doldenblütengewächse und wächst bei uns an Gräben, in Sümpfen und an Tümpeln. Er hat grüne, 2- bis 3-fach gefiederte Blätter mit lineal lanzettlichen Blättchen. Die Stängelbasis ist knollenartig verdickt, der Stängel ist hohl und äußerlich fein gerillt. Passt der Standort, kann sich Wasserschierling stark ausbreiten und große Uferflächen besiedeln.

>> Giftstoffe und ihre Wirkung: Wasserschierling enthält Polyine und schon die Aufnahme geringer Mengen führt schnell zu Vergiftungen. Erste Symptome sind innerhalb der ersten 20 Minuten festzustellen: Brennen in Mund und Rachen, Übelkeit und Erbrechen, Krämpfe, Pupillenerweiterung, Bewusstlosigkeit und Atemnot. Der Tod erfolgt durch Atemlähmung. Wasserschierling ist auch giftig für Weidevieh, Hunde, Katzen, Kaninchen, Hamster und Meerschweinchen. Vergiftungserscheinungen sind auch bei Tieren schnell zu beobachten.

>> Wissenswertes: Die Wirkung des Wasserschierlings ist seit dem Altertum bekannt. Die Pflanze wurde früher vielfach für Giftmorde und zum Selbstmord verwendet. Sie galt als Heilmittel gegen Gicht und Rheuma und wurde zu schmerzstillenden Umschlägen verarbeitet. Wegen seiner starken Giftigkeit wird heute von der Verwendung des Wasserschierlings abgeraten. Die Pflanze wird ausschließlich in homöopathischen Zubereitungen bei Muskelkrämpfen, Epilepsie und Hirnhautentzündungen angewendet.

ZAHLEN & FAKTEN

- mehrjährig, 60–150 cm hoch
- kleine weiße Einzelblüten, in Dolden stehend, Juli bis September
- sonniger bis absonniger Standort
- Wasserpflanze, in Gewässern mit mittlerem bis hohem Nährstoffgehalt
- ganze Pflanze ist sehr stark giftig, besonders Stängel und Wurzelstock

WUNDERBAUM

Ricinus communis

Der Wunderbaum, auch Rizinus oder Palma Christi genannt, gehört zur Familie der Wolfsmilchgewächse und stammt ursprünglich aus Nordostafrika und dem Nahen Osten. Mittlerweile hat er sich als Kulturflüchtling in den Tropen verbreitet, wo die Pflanze mehrjährig wächst, verholzt und bis 10 m hoch wird. Die bis zu 70 cm großen Blätter sind handförmig gespalten und dunkelgrün, bei einigen Sorten purpurfarben. Die attraktiven Früchte sind 3-fächrige Spaltfrüchte, fleischig bestachelt und enthalten je 3 ovale, marmorierte Samen.

ZAHLEN & FAKTEN

- 1-jährig, in den Tropen mehrjährig, 100–300 cm hoch
- einhäusig, getrennt geschlechtlich, männliche Blüten rotweiß, weibliche rot, August bis Oktober
- sonniger Standort
- mag frische Böden mit hohem Nährstoffgehalt
- Samen ist sehr stark giftig

>> Giftstoffe und ihre Wirkung: Die Samen enthalten das sehr stark giftige Rizin, eines der stärksten Pflanzengifte überhaupt. Bei oraler Aufnahme ist mit Übelkeit, blutigem Erbrechen, blutigem Durchfall, Nierenentzündungen, Leberschäden und zuletzt mit einem Kreislaufkollaps zu rechnen. Achtung, für Kinder gelten 3–6 Samen als tödliche Dosis. Rizinus ist auch giftig für Weidevieh, Hunde, Katzen, Kaninchen, Hamster, Meerschweinchen und Vögel, auch Gänse und Enten.

>> Wissenswertes: Bereits 4 000 v. Chr. gelangte die Rizinuspflanze nach Ägypten, wo sie als Kulturpflanze angebaut wurde. Das Öl wurde als Lampenöl zur Beleuchtung der Tempel verwendet und war auch als Mittel gegen Verstopfung bekannt. Heute ist es kein gängiges Abführmittel mehr, es werden lediglich homöopathische Anwendungen empfohlen. Rizinusöl ist als Hilfsstoff in Salben und in kosmetischen Präparaten enthalten und wird auch in der Farben- und Lackindustrie verarbeitet.

HERBST-ZEITLOSE

Colchicum autumnale

Die Herbst-Zeitlose ist eine einheimische Wiesenpflanze und die bekannteste Pflanzenart aus der Familie der Zeitlosengewächse. Die Pflanze bildet eine braunschuppige Sprossknolle mit einem Durchmesser von bis zu 5 cm. Die grünen Blätter sind breit lanzettlich, an den Rändern eingerollt und werden bis 40 cm lang. Die länglich eiförmigen Kapselfrüchte reifen im Frühsommer.

>> **Giftstoffe und ihre Wirkung:** Die Herbst-Zeitlose enthält das stark giftige Alkaloid Colchicin. Vergiftungserscheinungen treten erst 4–6 Stunden nach der Einnahme auf. Erste Symptome sind Brennen und Kribbeln im Mund, Schluckbeschwerden, Übelkeit und Erbrechen. Es folgen wässrige, zum Teil blutige Durchfälle, Temperaturabfall, Blutdrucksenkung, Krämpfe und Lähmungen. Der Tod erfolgt durch Atemlähmung. Etwa 50 g der Herbst-Zeitlosen-Blätter gelten für erwachsene Menschen als tödlich. Die Herbst-Zeitlose gilt als giftig für viele Tierarten, wie Pferde, Rinder, Schafe, Ziegen, Hunde, Katzen. Auch getrocknete Pflanzenteile enthalten das Alkaloid. Daher sollten Wiesen, die für die Heugewinnung genutzt werden, von der Herbst-Zeitlosen befreit werden.

>> **Wissenswertes:** Die Herbst-Zeitlose ist seit der Antike als Heil- und Giftpflanze bekannt. Sie wurde sowohl als Pfeilgift als auch als Aphrodisiakum, Abführmittel und Gichtmittel verwendet. Sie galt als wirksam zur Erweichung von Geschwüren, bei Verrenkungen und zum Ausziehen von Dornen. Das Homöopathikum *Colchicum autumnale* wird aus den frischen Zwiebeln gewonnen.

ZAHLEN & FAKTEN

- mehrjährig, 8–30 cm hoch
- 3-zählige Blüten mit 6 Hüllblättern, rosa bis violett, von September bis Oktober
- sonniger Standort
- mag frisch bis feuchte Böden mit hohem Nährstoffgehalt
- ganze Pflanze ist sehr stark giftig, besonders die Blüte

BÄUME UND STRÄUCHER

DIEFFENBACHIE

Dieffenbachia seguine, Dieffenbachia maculata

Die Dieffenbachie oder Schweigrohrwurzel gehört zur Familie der Aronstabgewächse und ist ursprünglich in den tropischen Regenwäldern Mittel- und Südamerikas beheimatet. Wegen ihrer dekorativen Blätter ist sie bei uns eine weit verbreitete Zimmerpflanze. Die Pflanze wächst staudig, bildet im Alter aber einen Stamm. Ihre großen, dekorativen Blätter sind breit-eiförmig bis elliptisch, grün-weiß panaschiert und werden bis zu 45 cm lang. Nach der Blüte bildet die Pflanze Fruchtkolben mit eng stehenden roten oder orangen Beeren.

ZAHLEN & FAKTEN

- mehrjährig, im Topf 60–200 cm hoch
- grünliche Spatha (Hochblatt) mit cremeweißen Kolben, selten
- halbschattiger Standort bei viel Wärme (21–30 °C) und hoher Luftfeuchtigkeit
- mag durchlässiges, nährstoffreiches Substrat
- ganze Pflanze ist sehr stark giftig

>> Giftstoffe und ihre Wirkung: Die Pflanzensäfte der Dieffenbachie enthalten u. a. Glykoside und Alkaloide. Der Verzehr von Pflanzenteilen führt zu Übelkeit, Durchfall, Schwellungen der Zunge, Herzrhythmusstörungen, Benommenheit und Lähmungen. Starke Schmerzen und potenzielle Unfruchtbarkeit können die Folge sein. Extrakte der Pflanze sind Bestandteil von Ratten- und Insektengiften. Außerdem wirkt der Pflanzensaft stark hautreizend. Die Dieffenbachie ist auch giftig für Hunde, Katzen, Kaninchen, Hamster, Meerschweinchen und Vögel.

>> Wissenswertes: Die Giftigkeit der Dieffenbachie ist schon sehr lange bekannt. In der Zeit der Sklavenhaltung wurde sie als Stummpflanze verwendet und durch sie wurden unliebsame Zeugen vorübergehend zum Schweigen gebracht. Dabei wurden die Schleimhäute derart gereizt, dass es für die betroffenen Personen über mehrere Tage unmöglich war zu sprechen.

DUFTENDE ENGELSTROMPETE

Brugmansia suavolens

Die Engelstrompeten gehören zu der Familie der Nachtschattengewächse und stammen aus den Tropen Südamerikas. Wegen ihrer attraktiven, intensiv duftenden Blüten und wegen ihres Blütenreichtums werden verschiedene Arten und Sorten weltweit als Kübelpflanzen kultiviert. Sie sind stets Hingucker auf Balkonen und Terrassen. Engelstrompeten haben große, eiförmige bis elliptische Blätter, die bis 25 cm lang werden. Nach der Blüte erscheinen eiförmige, bis zu 11 cm lange Kapseln, die zahlreiche Samen enthalten.

>> Giftstoffe und ihre Wirkung: Die ganze Pflanze enthält Alkaloide. Der Verzehr der Pflanzen führt zu Erregung von Heiterkeit bis Tobsucht, Übelkeit, Hautreizungen, Sinnestäuschung und Benommenheit, Pupillenerweiterung und Sehstörungen. Der Tod erfolgt durch Atemlähmung. Die Engelstrompete ist auch giftig für Weidevieh, Hunde, Katzen, Kaninchen, Hamster, Meerschweinchen und Vögel, wenn auch weniger gefährlich.

>> Wissenswertes: Im Amazonasbecken wird die Engelstrompete für medizinische Zwecke eingesetzt, wobei Zubereitungen und Anwendungen stark variieren. Die Duftende Engelstrompete ist eines der wichtigsten Rauschmittel der süd- und mittelamerikanischen Urbevölkerung. Schon der Duft der Blüten hat narkotisierende Eigenschaften und ruft Kopfschmerzen hervor. Auch bei uns wurde die Pflanze häufig als Droge missbraucht. Doch Vorsicht, der Missbrauch der Pflanze kann zu schweren, auch lebensgefährlichen Vergiftungen führen.

ZAHLEN & FAKTEN

- Sträucher, 200–500 cm hoch, als Kübelpflanze 150–250 cm
- trichterförmige Einzelblüten, weiß, in Sorten rosa, August bis Oktober
- sonniger bis halbschattiger Standort
- mag frisches, nährstoffreiches Substrat
- ganze Pflanze ist sehr stark giftig

GEWÖHNLICHER GOLDREGEN

Laburnum anagyroides

Der Goldregen, auch Bohnenbaum oder Gelbstrauch genannt, ist ein Strauch aus der Familie der Hülsenfrüchtler. Er stammt aus Südeuropa und wird bei uns seit Jahrhunderten als Zierpflanze kultiviert. Er hat 3-zählige Blätter, die oberseits stumpfgrün und unterseits graugrün sind. Nach der Blüte bildet der Goldregen seidenhaarige Hülsenfrüchte, die stark abgeflacht sind. Sie haben einen wulstigen Rand, sind gekrümmt und zwischen den Samen eingeschnürt.

ZAHLEN & FAKTEN

- Strauch, 5–7 m hoch
- Schmetterlingsblüten, gelb, in Trauben stehend, Mai bis Juni
- sonniger bis absonniger Standort
- mag trockene bis frische Böden mit geringem bis normalem Nährstoffgehalt
- ganze Pflanze ist sehr stark giftig, besonders reife Samen

>> Giftstoffe und ihre Wirkung: Goldregen enthält in allen Pflanzenteilen Alkaloide. Nach dem Verzehr von Samen setzen bereits nach 15–60 Minuten Brennen in Mund und Rachen und Übelkeit ein. Es folgen langanhaltendes, auch blutiges Erbrechen, Schweißausbrüche, Krämpfe, Lähmungen und Verwirrungszustände. Nach einigen Stunden tritt der Tod durch Atemlähmung ein. 3–4 Schoten gelten für Kleinkinder als tödlich. Getrocknete Pflanzen (Schoten und Samen) bleiben giftig. Goldregen ist auch für viele Tiere giftig. Bei Vergiftung von Pferden sind Schweißausbrüche charakteristisch, Kühe und Ziegen geben das Gift auch über ihre Milch ab (Sekundärvergiftung!).

>> Wissenswertes: Früher wurden Extrakte der Pflanze als Brech- und Abführmittel sowie bei Nervenschmerzen und Asthma verwendet (heute nicht mehr empfohlen). Heute wird Goldregen nur noch homöopathisch verwendet, zum Beispiel bei Schwindel, nervöser Schlaflosigkeit, Migräne sowie Magen- und Darmbeschwerden.

ABENDLÄNDISCHER LEBENSBAUM

Thuja occidentalis

Der immergrüne Abendländische Lebensbaum, auch Chinesische Thuja genannt, gehört zur Familie der Zypressengewächse und ist bei uns eine zuverlässige und anspruchslose Heckenpflanze. Er stammt aus Nordamerika und zählt dort zu den am weitesten verbreiteten Waldbaumarten. In Europa wurde er im 16. Jahrhundert eingeführt und ist heute in zahlreichen Kulturformen in Gärten und Parks weit verbreitet. Der Lebensbaum hat schuppenförmige Blätter, die je nach Sorte oberseits dunkel- oder blaugrün und unterseits heller gefärbt sind. Nach der Blüte erscheinen hellbraune, länglich elliptische Kapseln.

>> Giftstoffe und ihre Wirkung: Lebensbäume enthalten ätherisches Öl mit Thujon. Bei Verzehr ist mit Übelkeit, Blutungen, Krämpfen und erhöhtem Blutdruck zu rechnen. Es folgen Durchfall, erhöhter Puls, erhöhte Temperatur und Stoffwechselstörungen. Der Tod tritt durch Lähmungen des Zentralnervensystems ein. Vergiftungen können auch bei Tieren auftreten, wobei Pferde besonders gefährdet sind. Vorsicht, die Berührung der Pflanze kann Hautreizungen auslösen.

>> Wissenswertes: Der Lebensbaum wird bei uns als Zierstrauch in Parkanlagen, Gärten und auf Friedhöfen angepflanzt. Sein Tee wurde früher als wassertreibendes Mittel und in hoher Dosis zu Abtreibungszwecken verwendet, Letzteres führte nicht selten zum Tod. Heute ist das ätherische Öl gelegentlich Bestandteil von Einreibungen gegen Rheuma und Erkältungskrankheiten oder wird zu homöopathischen Zubereitungen verarbeitet.

ZAHLEN & FAKTEN

- Baum, 15–20 m hoch, als Hecke kleiner
- einhäusig, männliche Blüten kugelig, gelblich, weibliche Blüten schuppig, klein, bräunlich, April bis Mai
- sonniger bis halbschattiger Standort
- frische bis feuchte Böden mit normalem bis hohem Nährstoffgehalt
- ganze Pflanze ist sehr stark giftig, besonders die Zweigspitzen

GEMEINER SADEBAUM

Juniperus sabina

Der Sadebaum, auch Stink-Wacholder oder Gift-Wacholder genannt, ist eine Pflanzenart der Wacholdergewächse. Er ist in Europa und Asien zu Hause und wächst in Felsritzen, auf Trockenrasen und in lichten Nadelwäldern. Seine Blätter sind in der Jugend bläulich, nadelförmig und spitz, später schuppenförmig und grün. Sie werden 2–3 Jahre alt und haben beim Zerreiben einen unangenehmen Geruch. Die Früchte sind kugelige, blauschwarz bereifte Beerenzapfen.

ZAHLEN & FAKTEN

- Strauch, 100–200 (500) cm hoch
- zweihäusig, unscheinbar, weibliche Blüten grün, Blütenstände kugelig, männliche Blüten gelblich, März bis April
- sonniger Standort
- mag flachgründige, trockene bis frische, basenreiche Böden
- ganze Pflanze ist sehr stark giftig, besonders Zweigspitzen

>> Giftstoffe und ihre Wirkung: Der Sadebaum enthält ätherisches Sadebaumöl. Bei oraler Aufnahme können Übelkeit, Erregung, Herzrhythmusstörungen, Atemlähmung, Gebärmutterkrämpfe und zentrale Lähmungen auftreten. Das Öl wirkt stark hautreizend und blasenziehend. Schon 1 g der Blätter können Vergiftungen hervorrufen, 5–20 g können tödlich sein. Der Sadebaum ist auch giftig für Weidevieh, Hunde, Katzen, Kaninchen, Hamster, Meerschweinchen und Vögel.

>> Wissenswertes: Die Giftigkeit sowie die Heilwirkung des Sadebaumes waren schon im Altertum bekannt. Die Volksmedizin verwendete die Blätter als Abtreibungsmittel und zur Herstellung hautreizender Salben. Der Missbrauch der Pflanze zu Abtreibungszwecken führte nicht selten zum Tod. Als Heilpflanze wird der Sadebaum heute ausschließlich homöopathisch verwendet. Der Sadebaum ist einer der Hauptwirte des Birnengitterrostes, einer Pilzkrankheit unserer Kulturbirne, und wurde vielerorts flächendeckend ausgerottet.

GEWÖHNLICHER SEIDELBAST

Daphne mezereum

Der Gewöhnliche (oder auch Echte) Seidelbast, auch Kellerhals genannt, ist ein stammblühender kleiner Strauch aus der Familie der Seidelbastgewächse. Er kommt bei uns vor allem in lichten Gebirgswäldern vor oder wird als Zierpflanze angebaut. Die verkehrt lanzettlichen, ganzrandigen Blätter werden 4–9 cm lang, sind oberseits frischgrün und unterseits graugrün. Der Seidelbast hat attraktive, leuchtend rote, beerenartige Früchte. In der Natur schrumpfen die Seidelbastbestände massiv, die Pflanze steht daher auf der Roten Liste der geschützten Wildpflanzen.

>> Giftstoffe und ihre Wirkung: Seidelbast enthält Mezerin (Samen) und Daphnetoxin (Rinde). Symptome einer Vergiftung sind Brennen und Kribbeln im Mund, Lippen- und Gesichtsschwellungen, Speichelfluss, Heiserkeit und Schluckbeschwerden. Es folgen Benommenheit, starke Bauch- und Kopfschmerzen, Krämpfe, Brechreiz, blutige Durchfälle und zuletzt Kreislaufkollaps. Bei Berührung der Pflanze ist mit Rötungen, Schwellungen und Blasen auf der Haut zu rechnen. Der Verzehr von 10–12 Beeren gilt für Erwachsene als tödlich. Seidelbast ist auch giftig für Weidevieh, Hunde, Katzen, Kaninchen, Hamster, Meerschweinchen und Vögel.

>> Wissenswertes: Die Giftigkeit sowie die Heilwirkung des Gehölzes waren schon im Altertum bekannt. Seidelbast wurde häufig zur Behandlung von chronischen Hautleiden und Rheuma genutzt. Wegen akuter Vergiftungsgefahr werden heute ausschließlich homöopathische Anwendungen empfohlen.

ZAHLEN & FAKTEN

- Strauch, 40–125 cm hoch
- Blüten röhrig, meist zu dritt stehend, rosa bis purpurrot, erscheinen vor dem Laub, stark duftend, Februar bis April
- absonniger bis lichtschattiger Standort
- mag frische bis feuchte, humose, meist kalkreiche Böden mit normalem bis hohem Nährstoffgehalt
- ganze Pflanze ist sehr stark giftig

STARK GIFTIGE PFLANZEN

Stark giftige Pflanzen finden wir unter den krautigen Pflanzen genau wie unter den Gehölzen und Topfpflanzen. Der Verzehr kann zu schweren Vergiftungen führen, nicht aber zwangsläufig zum Tod. Die Unterscheidung zwischen sehr stark giftigen und stark giftigen Pflanzen ist nicht immer eindeutig und hängt manchmal auch vom Standort ab. Auch diese Pflanzen sollten wir unbedingt kennen, um Vergiftungsunfälle mit Kindern oder Haustieren zu vermeiden.

KRAUTIGE PFLANZEN

FRÜHLINGS-ADONISRÖSCHEN

Adonis vernalis

Das Frühlings-Adonisröschen zählt zu unseren schönsten Frühlingsblühern. Es gehört zur Familie der Hahnenfußgewächse und ist in ganz Europa (Ausnahme im Westen) zu Hause. Das Adonisröschen ist eine Pflanze der sogenannten Trocken- und Halbtrockenrasen und wächst auf besonnten Hängen und in lichten Kiefernwäldern. Im zeitigen Frühjahr treiben hellgrüne, rosettig stehende, gefiederte Blätter, deren Blättchen wiederum gespalten sind. Die Früchte sind kugelige Nüsschen. Achtung: Das Frühlings-Adonisröschen zählt zu den geschützten Pflanzen. Aus der gleichen Gattung ist auch das einjährige, rotblühende Sommer-Adonisröschen bekannt. Beide Arten werden von Liebhabern in Gärten gepflanzt.

ZAHLEN & FAKTEN

- mehrjährig, 15–25 cm hoch
- schalenförmige Einzelblüten, goldgelb, April bis Mai
- sonniger bis absonniger Standort
- mag trockene, kalkhaltige Böden mit sehr geringem bis geringem Nährstoffgehalt
- ganze Pflanze ist stark giftig

» **Giftstoffe und ihre Wirkung:** *Adonis*-Arten enthalten herzwirksame Glykoside und sind in ihrer Wirkung den Fingerhüten sehr ähnlich, wenn auch in abgeschwächter Form. Vergiftungserscheinungen sind Übelkeit, Erbrechen, Atemnot, Lähmungen, Krämpfe und Sehstörungen. Der Tod tritt durch Herzstillstand ein. Außerdem kann die Pflanze bei Berührung Hautauschläge auslösen. Adonisröschen sind auch giftig für Pferde, Hunde, Katzen, Kaninchen, Hamster und Meerschweinchen.

» **Wissenswertes:** Adoniskraut war schon in der Antike als Heilkraut bekannt. Es wurde früher als Mittel gegen Wassersucht, Gicht und Nierensteine verwendet. Erst gegen Ende des 19. Jahrhunderts wurde seine Herzwirkung entdeckt. Heute werden die Inhaltsstoffe in Kombinationspräparaten zur Behandlung von leichter Herzschwäche verwendet.

WEISSER GERMER

Veratrum album

Der Weiße Germer, auch Weiße Nieswurz genannt, ist eine Pflanze aus der Familie der Germergewächse. Sein Verbreitungsgebiet sind die Alpenwiesen und Hochstaudenfluren Mittel- und Südeuropas bis Asiens. Die ausdauernde krautige Pflanze bildet Rhizome, aus denen gegenständig angeordnete Blätter treiben. Sie sind breit elliptisch, bogennervig, unterseits behaart und verströmen einen starken Geruch. Nach der Blüte erscheinen Kapselfrüchte.

>> Giftstoffe und ihre Wirkung: Der Weiße Germer enthält Alkaloide. Es sind starke Nervengifte, die auf die Nervenenden der Haut wirken. Die Giftstoffe dringen über Schleimhäute und die unverletzte Haut in den Körper ein. Erste Vergiftungserscheinungen sind Kribbeln im Mund, erhöhter Speichel- und Tränenfluss, Niesreiz, Übelkeit, Erbrechen und Durchfälle. Bei starker Vergiftung folgen Taubheitsgefühl, Muskelzucken, Krämpfe und Kollaps. Der Tod erfolgt durch Kreislauf- oder Atemlähmung. 1–2 g der Wurzeln gelten als tödlich. Der Weiße Germer wird von Weidetieren meist gemieden, ist aber giftig für Pferde, Rinder, Schweine, Hunde, Katzen und Kaninchen.

>> Wissenswertes: In der Antike wurde der Weiße Germer oft als Mordgift verwendet und mit seinem Gift wurden auch Pfeile präpariert. Die Ärzte des Altertums wussten um die Wirkung als Brech- und Niesmittel und die Pflanze wurde auch zur Bekämpfung von Ungeziefer verwendet. Heute gibt es homöopathische Zubereitungen gegen Darmerkrankungen, Asthma und Bronchitis.

ZAHLEN & FAKTEN

- mehrjährig, 50–150 cm hoch
- Blüten sternförmig, in Rispen stehend, weißlich bis grün, Juni bis August
- sonniger Standort
- mag feuchte, stickstoffreiche und etwas kalkhaltige Böden
- ganze Pflanze ist stark giftig, besonders die Wurzelknolle

GOTTES-GNADENKRAUT

Gratiola officinalis

Das Gottes-Gnadenkraut ist eine Pflanze aus der Familie der Wegerichgewächse und in Europa und Zentralasien zu Hause. Die krautige Pflanze vermehrt sich durch kurze Ausläufer. Die austreibenden Stängel sind unten rund und oben fast vierkantig, die oberirdischen Pflanzenteile kahl. Die Blätter sind schmal lanzettlich, ganzrandig bis entfernt gesägt und spitz. Die braune Kapselfrucht ist kugelig und springt vierklappig auf. Das Gottes-Gnadenkraut besiedelt Feuchtwiesen, Ufer und periodisch trockenfallende Gewässer. Da dieser Lebensraum bei uns mehr und mehr zurückgedrängt wird, ist die Pflanze stark gefährdet und steht unter Schutz.

ZAHLEN & FAKTEN

- mehrjährig, 20–50 cm hoch
- Blüten röhrig, zipfelig, einzeln in den Blattachseln stehend, weiß, teilweise rötlich überlaufen, Juni bis August
- sonniger bis absonniger Standort
- mag nasse Böden, überflutete Wiesen, kalkarme Lehm- und Tonböden
- alle Pflanzenteile sind stark giftig

>> Giftstoffe und ihre Wirkung: Die Pflanze enthält Glykoside, die bei Verzehr zu Übelkeit, Erbrechen, Speichelfluss, Koliken, blutigen Durchfällen und Nierenreizungen führen. Es folgen Störungen der Sehfähigkeit, Lähmungen der Herztätigkeit und der Atmung. Der Tod erfolgt durch Kollaps. Das Kraut ist auch für Rinder und Kühe giftig und das Gift wird über die Milch weitergegeben (Sekundärvergiftung!).

>> Wissenswertes: Das Gottes-Gnadenkraut ist eine alte Heilpflanze und war ein gängiges Brech- und Abführmittel. Gelegentlich wurde das Kraut als Abtreibungsmittel verwendet, was nicht selten zu schweren Vergiftungen führte. Außerdem stand das Kraut in dem Ruf, bei Frauen eine starke sexuelle Aktivität herbeiführen zu können. Doch Vorsicht, schon kleine therapeutische Dosen können schwere Nebenwirkungen hervorrufen.

GOLDLACK

Erysimum cheiri

Der Goldlack, auch Schöterich genannt, ist eine Pflanze der Kreuzblütengewächse und stammt ursprünglich aus dem Mittelmeerraum. Liebhaber brachten die Pflanze nach Mitteleuropa, wo sie vorwiegend in Bauerngärten angebaut wurde. Von dort konnte sie verwildern. Heute finden wir Goldlack an Mauern, auf Ruderalflächen, an Wegrändern und an Zäunen. Goldlack hat schmal lanzettliche, behaarte Blätter und treibt nach der Blüte runde Schoten, die aufrecht abstehen.

>> Giftstoffe und ihre Wirkung: Die Pflanze enthält in allen Teilen herzwirksame Glykoside, die ähnlich wie bei *Digitalis* wirken. Vergiftungserscheinungen sind Abfallen der Herzfrequenz, Übelkeit und Erbrechen, Magen-Darm-Koliken, Sehstörungen, Lähmungen und Krämpfe. Bei extremer Vergiftung tritt der Tod durch Herzstillstand ein.

>> Wissenswertes: Nach den Schriften des Hippokrates und Dioskurides war der Goldlack bereits im Altertum eine beliebte Heilpflanze und wurde bei Gebärmutterentzündungen und zur Förderung der Menstruation eingesetzt. In der Volksmedizin galt die Pflanze als Herz- oder Abführmittel und kam bei Lebererkrankungen zum Einsatz. Die Verwendung des Goldlacks als Heilpflanze führte häufig zu Vergiftungen und wird heute nicht mehr empfohlen. Nach wie vor ist die intensiv duftende, attraktive Blütenpflanze ein Hingucker in jedem Blumenbeet.

ZAHLEN & FAKTEN

- 1- bis 2-jährig, 50–70 cm hoch
- kreuzförmige Einzelblüten, gelb oder orange, stark duftend, Mai bis Juni
- sonniger bis halbschattiger Standort
- mag durchlässige Böden mit normalem bis hohem Nährstoffgehalt
- ganze Pflanze ist stark giftig, besonders die Samen

KARTOFFEL

Solanum tuberosum

Kartoffeln zählen zu unseren wichtigsten Nahrungsmitteln und stammen ursprünglich aus Südamerika. Spanische Eroberer brachten sie im 16. Jahrhundert nach Europa, wo Kartoffeln zunächst als Zierpflanzen angebaut wurden. Ab dem 18. Jahrhundert wurde ihr Wert als Grundnahrungsmittel erkannt und später wurden sie auf großen Flächen angebaut. Die Kartoffel ist eine krautige Pflanze aus der Familie der Nachtschattengewächse. Die Knollen sind Nährstoffspeicher und durch Tragfäden (Stolonen) mit den Wurzeln verbunden. Aus den Knollen wachsen Austriebe mit gefiederten Blättern. Nach der Blüte bilden sich grüne Beeren.

ZAHLEN & FAKTEN

- in Kultur 1-jährig, 60–100 cm hoch
- Blüten 5-zählig, weiß, rosa oder violett, Juni bis August
- sonniger bis absonniger Standort
- mag tiefgründige Böden mit hohem Nährstoffgehalt
- alle grünen Pflanzenteile sind stark giftig

>> Giftstoffe und ihre Wirkung: Kartoffeln enthalten in den oberirdischen Teilen den Giftstoff Solanin. Wenn die Knollen bei Licht gelagert werden, ergrünen sie und bilden ebenfalls Solanin. Bei Verzehr von grünen Kartoffeln oder Beeren treten Vergiftungserscheinungen wie Reizungen der Schleimhäute, Kratzen im Mund, Erbrechen und Durchfall auf. Lang anhaltende Entzündungen des Magen- und Darmbereichs können die Folge sein und das Solanin ist auch in der Lage, rote Blutkörperchen aufzulösen. Achtung, zwei grüne Kartoffeln oder auch wenige Beeren können für Kinder tödlich sein. Kartoffelkraut ist auch giftig für Weidevieh, Kleintiere und Vögel. Andere Nachtschattengewächse bilden ebenfalls Solanin, daher Vorsicht auch bei grünen Tomaten!

>> Wissenswertes: Kartoffeln werden in der Volksheilkunde verwendet. Ihr Saft wirkt krampflösend und hemmt die Magensäureproduktion.

KOLBENFADEN

Aglaonema commutatum

Der Kolbenfaden ist ein buschig wachsender Halbstrauch und stammt aus der Familie der Aronstabgewächse. Die ursprüngliche Heimat sind die immergrünen Wälder Indonesiens. Die bei uns als Zierpflanze weit verbreitete Pflanze hat grüne, silbrig weiß gemaserte, breit lanzettliche, ledrige Blätter, die bis 30 cm lang werden können. Als Zimmerpflanze blüht der Kolbenfaden selten, aber wenn, bildet er leuchtend hellrote, ovale Beeren aus.

>> **Giftstoffe und ihre Wirkung:** Der Kolbenfaden ist wie alle Aronstabgewächse stark giftig. Durch Berühren der Pflanze kann es zu Hautrötungen und Entzündungen kommen. Bei Verzehr treten Vergiftungserscheinungen wie Brennen auf der Zunge, heftige Entzündungen der Mundschleimhäute und Anschwellen der Lippen auf. Es kann zu Herzrhythmusstörungen, Krämpfen und inneren Blutungen und schließlich zu Lähmungen des Zentralnervensystems kommen. Kolbenfaden ist giftig für Hasen, Kaninchen, Hamster, Meerscheinchen und Vögel. Symptome sind Erbrechen, Durchfall sowie Krämpfe und es kann zu Leber- und Nierenschäden kommen.

>> **Wissenswertes:** Von den etwa 50 im Ursprungsgebiet beheimateten Arten der Pflanze sind bei uns einige als Zimmerpflanzen in Kultur. Die mittlerweile züchterisch bearbeiteten Sorten ('Silver Queen', 'Silver King', 'Tricolor') unterscheiden sich in erster Linie im Blattmuster. Alle Sorten können gut in Bädern oder Wintergärten gehalten werden und gelten als luftreinigende Pflanzen.

ZAHLEN & FAKTEN

- mehrjährig, als Zimmerpflanze 40–50 cm hoch, am Naturstandort 150–200 cm
- grünliche Spatha (Hochblatt) mit cremeweißen Kolben, Juni bis September
- halbschattiger bis schattiger Standort bei viel Wärme (20–25 °C) und hoher Luftfeuchtigkeit
- mag frisches, luftdurchlässiges, nährstoffreiches Substrat
- ganze Pflanze ist stark giftig

GEWÖHNLICHE KORNRADE

Agrostemma githago

Die Kornrade, auch Kornnelke, Roggenrose oder Rote Kornblume genannt, ist ein Ackerwildkraut aus der Familie der Nelkengewächse. Ihre Heimat ist vermutlich der östliche Mittelmeerraum, mit dem Getreideanbau wurde sie aber in Europa und Asien weit verbreitet.

Die Kornrade hat filzig behaarte Stängel mit gegenständig angeordneten, schmallinealen, filzig behaarten Blättern. Ihre attraktive Blüte macht sie heute zu einer beliebten Sommerpflanze im Naturgarten. Nach der Blüte erscheinen Spaltfrüchte. Als Wildpflanze ist die Kornrade stark zurückgegangen und steht unter Schutz!

>> Giftstoffe und ihre Wirkung: Die Kornrade enthält Triterpensaponine, hauptsächlich in den Samen. Vergiftungserscheinungen sind Schleimhautreizungen, Übelkeit, Kopfschmerzen, beschleunigter Puls und Kreislaufbeschwerden. In extremen Vergiftungsfällen kann der Tod durch Atemlähmung erfolgen. Die Pflanze gilt auch als giftig für Pferde, Rinder, Kühe und Schweine sowie für Hühner und Vögel.

>> Wissenswertes: Die Kornrade war ein weit verbreitetes Ackerwildkraut. Durch den Verzehr von schlecht gereinigtem Korn wurden zahlreiche Vergiftungsunfälle ausgelöst. Im Mittelalter diente die Kornrade aber auch als Heilpflanze und wurde bei Hautleiden und Magenkatarrhen angewandt. Durch den massenhaften Einsatz von Herbiziden im konventionellen Ackerbau ist die Kornrade als Wildpflanze nahezu ausgestorben, daher sind Vergiftungen eher selten.

ZAHLEN & FAKTEN

- 1-jährig, 40–100 cm hoch
- Blüten schalenförmig, 5-blättrig, rot bis purpurfarben, heller gezeichnet, Juni bis August
- sonniger bis absonniger Standort
- mag normale Ackerböden mit durchschnittlichem bis hohem Nährstoffgehalt
- ganze Pflanze ist stark giftig, besonders die Samen

WEISSE MEERZWIEBEL

Urginea maritima

Die Weiße Meerzwiebel ist eine Pflanze aus der Familie der Spargelgewächse und stammt aus dem Mittelmeerraum. Sie wächst auf trockenen und sehr warmen Plätzen, besonders in Weinbauregionen. Bei uns ist sie meist in botanischen Gärten zu finden oder sie wird als Zierpflanze angebaut. Die Pflanze hat eine auffallend dicke Zwiebel (bis 15 cm im Durchmesser und 3 kg schwer), die aus dem Boden herausragt. Nach der Ruhephase im Sommer erscheint im Herbst ein reichblütiger Blütenstand und anschließend breit lanzettliche, bis 50 cm lange Blätter. Diese ziehen im folgenden Frühjahr wieder ein.

>> Giftstoffe und ihre Wirkung: Die Meerzwiebel enthält in erster Linie Herzglykoside. Bei Verzehr treten Vergiftungserscheinungen wie Verdauungsstörungen, Koliken und Durchfall auf. Bei sehr hoher Dosierung erfolgt der Tod durch Herzlähmung und Kreislaufstillstand. Vorsicht, der Pflanzensaft wirkt blasenziehend auf der Haut.

>> Wissenswertes: Die Meerzwiebel gehörte bereits zum Arzneimittelschatz der Antike. Sie galt als auswurffördernd und wurde als Mittel zur Erhöhung der Harnausscheidung eingesetzt. Im Mittelalter galt sie als kreislaufstärkend und ihr wurde eine regelfördernde Wirkung nachgesagt. Äußerlich angewendet galt sie als Mittel gegen Warzen, Frostbeulen und Brandwunden. Die Meerzwiebel war und ist Bestandteil von Ratten- und Mäusegift, erst im 18. Jahrhundert wurde ihre Herzwirksamkeit entdeckt.

ZAHLEN & FAKTEN

- mehrjährig, 50 cm hoch, Blütenstand bis 150 cm
- Blüten sternförmig, in Trauben stehend, weißlich, grün gezeichnet, Juli bis August
- sonniger, warmer Standort
- mag sandige, trockene, warme Böden
- ganze Pflanze ist stark giftig, besonders die Zwiebel

SCHLAF-MOHN

Papaver somniferum

Der Schlaf-Mohn ist eine uralte Heilpflanze und gehört als Zierpflanze in jeden Bauerngarten. Er stammt aus der Familie der Mohngewächse, ist im östlichen Mittelmeerraum zu Hause und zählt zu den ältesten Kulturpflanzen, die wir haben. In Zentralasien wird er in erster Linie für die Opiumgewinnung angebaut, in Europa für die Backmohngewinnung (morphinarme Sorten). Stängel und Blätter sind graugrün, die Stängel borstig behaart, die Blätter eiförmig und gezähnt. Nach den attraktiven Blüten reifen grüne Kapseln mit zahlreichen Samen. Die ganze Pflanze, mit Ausnahme der reifen Samen, enthält giftigen Milchsaft.

ZAHLEN & FAKTEN

- 1-jährig, 40–140 cm hoch
- Blüten schalenförmig, weiß, rosa, violett, innen gezeichnet, Juni bis August
- sonniger Standort
- mag frische, humusreiche, mineralreiche Gartenböden mit hohem Nährstoffgehalt
- Milchsaft ist stark giftig

>> Giftstoffe und ihre Wirkung: Schlaf-Mohn enthält Alkaloide, als wichtigste Morphin und Codein. Vergiftungserscheinungen sind Übelkeit, Erbrechen und Rötung des Gesichts. Es folgen narkoseähnliche Zustände mit Muskelerschlaffung, stark reduzierter Atmung und Pupillenverengung. Der Tod erfolgt durch Atemlähmung. Schlaf-Mohn ist giftig für Pferde, Hunde, Katzen und vermutlich auch für andere Tiere.

>> Wissenswertes: Schlaf-Mohn fällt unter das „Gesetz über den Verkehr mit Betäubungsmitteln“ und darf nur in geringen Mengen angebaut werden. Er zählt zu unseren ältesten Arzneipflanzen, aufgrund der Nebenwirkungen wie körperliche Abhängigkeit aber auch zu den umstrittensten. Die großen Ärzte der Antike beschrieben die Pflanze und auch die Klosterheilkunde kannte Opium als Narkose- und Schmerzmittel.

RITTERSTERN

Hippeastrum-Cultivars

Der Ritterstern, auch Amaryllis genannt, gehört zu unseren beliebtesten Zimmerpflanzen. Er stammt aus der Familie der Amaryllisgewächse und ist in Südafrika zu Hause. Rittersterne bilden dicke Zwiebeln und überdauern die Trockenzeit blattlos. Nach der Blüte erscheinen 5–11 riemenförmige, lange Blätter und ein langer, hohler Blütenstiel. Die Fruchtstände sind Kapseln. Der Ritterstern wurde im 18. Jahrhundert bei uns als Zierpflanze eingeführt, seitdem sind zahlreiche Kulturformen entstanden.

>> **Giftstoffe und ihre Wirkung:** Rittersterne enthalten Alkaloide. Vergiftungserscheinungen sind Übelkeit, Erbrechen, Durchfall, starke Schweißausbrüche, erhöhter Speichelfluss sowie Benommenheit. Es kann zur Schädigung der Nieren kommen. Vorsicht, der Pflanzensaft verursacht Hautreizungen. Ritterstern ist giftig für Hunde, Kaninchen, Hasen, Hamster, Meerschweinchen und Vögel.

>> **Wissenswertes:** Der Name Amaryllis ist kein korrekter Name für den Ritterstern (*Hippeastrum*). Rittersterne wurden später als Amaryllen entdeckt und mehr als 100 Jahre lang als Amaryllis bezeichnet. Bis heute konnte sich der Name Ritterstern nicht wirklich durchsetzen. Sie gehören in der Vorweihnachtszeit zu unseren beliebtesten Schnittblumen, sind aber auch sehr einfach als Topfpflanzen zu halten. Für die erfolgreiche Kultur ist der Wechsel zwischen Wachstumsphase (warm), Blütezeit (kühler) und Ruhephase (frostfrei) einzuhalten.

ZAHLEN & FAKTEN

- mehrjährig, 30–80 cm hoch
- trichterförmige Einzelblüten, zu 3–4 stehend, nickend, rot, rosa, weiß, mehrfarbig, April bis Mai
- absonnig bis halbschattig, während der Blühphase heller Standort
- mag durchlässige Böden mit hohem mineralischem Anteil
- ganze Pflanze ist stark giftig, besonders die Zwiebel

SCHÖLLKRAUT

Chelidonium majus

Das Schöllkraut ist eine mehrjährige krautige Pflanze aus der Familie der Mohngewächse. Seine ursprüngliche Heimat ist Europa, Asien sowie der Mittelmeerraum. Schöllkraut wächst gern in der Nähe von menschlichen Wohnstätten sowie auf Schuttplätzen, an Wegesrändern und in Mauerspalten. Aus seinen Rhizomen treibt das Kraut geteilte, graugrüne Blätter, deren Unterseite heller und leicht behaart ist. Alle frischen Pflanzenteile enthalten gelb-orangen Milchsaft. Die Früchte sind zweiklappige Kapseln.

ZAHLEN & FAKTEN

- mehrjährig, 40–60 cm hoch
- Blüten 4-zählig, gelb, Mai bis Juni, Nachblüte September
- sonniger bis halbschattiger Standort
- mag durchlässige Böden mit hohem Nährstoffgehalt
- alle Milchsaft führenden Pflanzenteile sind stark giftig

» Giftstoffe und ihre Wirkung: Schöllkraut enthält verschiedene Alkaloide, unter anderem Chelerythrin. Die höchste Konzentration befindet sich im Herbst in den Wurzeln. Vergiftungserscheinungen sind Magen- und Darmbeschwerden, blutige Durchfälle und Krämpfe. Es kommt zu einem Brennen in Mund und Rachen mit Blasenbildung im Mund, Benommenheit, beschleunigter Atmung und Kreislaufstörungen. Schöllkraut ist giftig für Pferde, Hunde, Meerschweinchen und Hamster. Wegen des schlechten Geschmackes der Pflanze kommen Vergiftungen bei Tieren selten vor.

» Wissenswertes: Als Heilpflanze hat das Schöllkraut eine lange Tradition und wurde in der Antike und im Mittelalter zur Behandlung verschiedener Leiden genutzt. Kein Wunder, denn Schöllkraut wirkt entkrampfend, antiviral und antibakteriell. Heute gibt es Tees oder Fertigpräparate zur Behandlung von Leber- und Gallenleiden, Rheuma und Augenkrankheiten. Der ätzende Pflanzensaft wirkt reizend auf die Haut und wird zur Behandlung von Warzen verwendet.

KLEINER WINTERLING

Eranthis hyemalis

Der Kleine Winterling ist einer unserer ersten Frühlingsblüher und kündigt mit seinen leuchtend gelben Blüten schon im Januar den nahenden Frühling an. Er gehört zur Familie der Hahnenfußgewächse, stammt ursprünglich aus Südeuropa und ist bei uns in feuchten Laubwäldern, Gebüschen, Parks und Gärten weit verbreitet. Aus den dunkelbraunen, unregelmäßig geformten Knollen treiben schon bei niedrigen Temperaturen Blütenstängel mit Blüten, die von einer Hochblatthülle umgeben sind. Unterhalb der Blüten befinden sich die fein geteilten hellgrünen Blätter. Die Früchte sind Balgfrüchte.

>> **Giftstoffe und ihre Wirkung:** Winterlinge enthalten Glykoside. Bei Verzehr treten zunächst Übelkeit, Erbrechen und Durchfälle auf. Der Puls ist verlangsamt, später folgen Herzschwäche, Sehstörungen und Atemnot. Winterlinge sind möglicherweise für Weidetiere giftig, allerdings kommen diese wegen der frühen Vegetationszeit selten in Kontakt mit den Pflanzen.

>> **Wissenswertes:** Der Winterling wurde bei uns bereits im 16. Jahrhundert aus Italien eingeführt und in Gärten gepflanzt. Ende des 18. Jahrhunderts war der attraktive Frühlingsblüher in Landschaftsparks weit verbreitet und wird bis heute gern unter Gehölzen zum Verwildern gepflanzt. Für eine erfolgreiche Kultur im Garten ist die ausreichende Humusversorgung von größter Bedeutung. Winterlinge werden in einigen Sorten angeboten, allerdings sind manche steril und können nicht verwildern.

ZAHLEN & FAKTEN

- mehrjährig, 5–15 cm hoch
- Blüten schalenförmig, gelb, Januar bis März
- sonniger bis halbschattiger Standort
- mag lockere, tiefgründige, humose Böden mit eher geringem Nährstoffgehalt
- ganze Pflanze ist stark giftig, besonders die Knollen

ZYPRESSEN-WOLFSMILCH

Euphorbia cyparissias

Die Zypressen-Wolfsmilch ist eine duftende Wildstaude aus der artenreichen Familie der Wolfsmilchgewächse. Sie ist in Europa zu Hause und besiedelt gern Wegränder, Böschungen, Halbtrockenrasen und felsige Standorte. Die Austriebe haben frischgrüne, schmal-linealische Blätter, die etwa 2–3 cm lang werden. An deren Ende erscheinen Blüten, die von zitronengelben Hochblättern getragen werden. Die Blüten haben einen intensiven Honigduft und locken Insekten an. Die Früchte sind unscheinbare Kapseln.

ZAHLEN & FAKTEN

- mehrjährig, 20–40 cm hoch
- klein, Einzelblüte mit Hochblättern, in Doldentrauben stehend, gelb, intensiv duftend, April bis Juni
- sonniger bis absonniger Standort
- mag magere, trockene, auf jeden Fall durchlässige, lehm- und kalkhaltige Böden
- Milchsaft ist stark giftig

>> **Giftstoffe und ihre Wirkung:** Der Milchsaft enthält Euphorbon. Bei oraler Aufnahme ist mit Magenschmerzen, blutigem Durchfall und Pupillenerweiterung zu rechnen. Bei starken Vergiftungen folgen Kreislaufstörungen, Lähmungen und Bewusstseinsstörungen. In schweren Fällen erfolgt der Tod nach 1–3 Tagen. Vorsicht, der Milchsaft führt bei Hautkontakt zu Blasenbildung und kann Schleimhäute angreifen. Milchsaft im Auge führt zu Binde- und Hornhautentzündungen, unter Umständen auch zur Erblindung. Zypressen-Wolfsmilch ist auch giftig für Pferde, Rinder, Kühe, Schafe, Ziegen, Hunde, Katzen, Kaninchen, Meerschweinchen, Hamster und Vögel.

>> **Wissenswertes:** Wolfsmilchgewächse waren schon den Ärzten der Antike als Heilpflanzen bekannt. Die Volksmedizin verwendete den eingedickten Milchsaft als Brech- und Abführmittel und als Hausmittel gegen Warzen, Sommersprossen und Haarausfall. Diese Anwendungen führten immer wieder zu schweren Vergiftungen.

ZAUNRÜBE

Bryonia cretica subsp. *dioica*

Zaunrüben stammen aus der Familie der Kürbisgewächse. Sie sind in Europa und Afrika zu Hause und wachsen in Hecken, im Gebüsch und an Zäunen. Bei uns kommen die Rotfrüchtige und die Weiße Zaunrübe vor. Sie unterscheiden sich nur in der Färbung der Früchte. Beide haben einen dicken, rübenartigen Wurzelstock, aus denen in jedem Jahr spiralförmig rankende Triebe treiben. Die Blätter sind handförmig, 5-lappig und haben kleine Borstenhaare. Die Früchte sind rote oder schwarze (Weiße Zaunrübe) Beeren.

» Giftstoffe und ihre Wirkung: Zaunrüben enthalten Cucurbitane. Bei Verzehr der Beeren ist mit Übelkeit, Erbrechen und Nierenschäden zu rechnen. Es kommt zu Schwindel, Krämpfen und zu Lähmungserscheinungen. Der Tod erfolgt durch Atemlähmung. Für Kinder gelten 10–15 Beeren als tödlich. Achtung: Bei Berührung der Pflanze ist mit Hautreizungen, Rötungen und Blasenbildung zu rechnen. Zaunrüben sind auch giftig für Hunde, Schweine, Pferde und Rinder.

» Wissenswertes: Die Zaunrübe ist eine alte Heilpflanze. Die Volksheilkunde nutzte sie bei Rheuma und Gicht (Gichtwurzel) und auch als starkes Abführmittel, was nicht selten zu Vergiftungen führte. Heute wird die Pflanze homöopathisch bei Rheuma, Gicht und akuten fieberhaften Erkrankungen angewendet. Die Wurzel der Zaunrübe galt im Mittelalter als Fälschung der seltenen und sehr teuren Alraune, einer beliebten Zauberpflanze.

ZAHLEN & FAKTEN

- mehrjährig, rankend
- Blüten zweihäusig, sternförmig, in Trauben stehend, weißlich-grün, dunkler gezeichnet, Mai bis Juni
- sonniger bis absonniger Standort
- mag stickstoffhaltige, warme Lehmböden
- ganze Pflanze ist stark giftig, besonders Wurzeln und Samen

ROSAFARBENES ZIMMERIMMERGRÜN

Catharantus roseus

Das Rosafarbene Zimmerimmergrün, auch Tropisches Immergrün oder Madagaskar-Immergrün genannt, stammt aus der Familie der Hundsgiftgewächse und kommt ursprünglich aus Madagaskar. Mittlerweile wird die Pflanze als Heilpflanze kultiviert und ist in den Tropen weit verbreitet. Das Rosafarbene Zimmergrün hat dunkelgrüne, eiförmige und ganzrandige Blätter, in deren Blattachseln die Einzelblüten stehen. Nach der Blüte erscheinen Sammelbalgfrüchte.

ZAHLEN & FAKTEN

- mehrjährig, 40–80 cm hoch
- 5-zählige Einzelblüten, weiß, rosa bis violett, März bis Mai
- sonniger bis halbschattiger Standort, warm
- mag feuchte, humose, durchlässige Erde mit hohem Nährstoffgehalt
- ganze Pflanze ist (sehr) stark giftig, besonders die Wurzeln

>> Giftstoffe und ihre Wirkung: Das Rosafarbene Zimmergrün enthält 70 Alkaloide, die von medizinischem Interesse sind. Nach dem Verzehr von Blättern oder Trieben treten Erbrechen, Fieber und Hautausschläge auf. Außerdem hat die Pflanze Wirkung auf das zentrale Nervensystem und die Psyche. Unheilbare Lähmungen können die Folge einer Vergiftung sein. Die Pflanze ist auch giftig für Meerschweinchen, Hamster und Vögel.

>> Wissenswertes: Das Rosafarbene Zimmerimmergrün ist heute eine wichtige Arzneipflanze und wird zur Herstellung von Zytostatika für Chemotherapien verwendet. Im Herkunftsgebiet der Pflanze kennt die Volksheilkunde Blütenauszüge gegen Halsschmerzen und Erkältungen. In Afrika werden getrocknete Blätter als Rauschmittel und Aphrodisiaka geraucht, allerdings kann der Missbrauch der Pflanze zu Nieren- und Nervenschädigungen führen. Bei uns ist das Rosafarbene Zimmerimmergrün eine attraktive Zimmerpflanze, doch Vorsicht mit kleinen Kindern!

BÄUME UND STRÄUCHER

ROSTBLÄTTRIGE ALPENROSE

Rhododendron ferrugineum

Die Rostblättrige Alpenrose, auch Rostroter Almstrauch genannt, ist ein stark verzweigter, immergrüner Strauch der Alpen, Pyrenäen, der Karpaten und auch des Balkans. Sie stammt aus der Familie der Heidegewächse und hat ledrig glänzende, dunkelgrüne, lanzettlich bis schmal elliptische Blätter, deren Rand nach unten umgerollt ist. Die Blätter bleiben etwa zwei Jahre am Strauch und sind unterseits rostfilzig behaart. Nach der Blüte reifen langgestreckte, verholzende Kapselfrüchte. Die in unseren Gärten und Parks weit verbreiteten Rhododendron-Hybriden sind ebenfalls giftig.

ZAHLEN & FAKTEN

- Strauch, 30–150 cm hoch
- Blüten glockig, leuchtend rot, zu 6–10 in Dolden stehend, in den Blattachseln, Mai bis Juni
- absonniger bis halbschattiger Standort
- mag frische, saure Waldböden
- Blätter sind stark giftig

>> Giftstoffe und ihre Wirkung: Die Rostblättrige Alpenrose enthält Acetylandromedol. Vergiftungserscheinungen sind Haut- und Schleimhautreizungen, Übelkeit und Erbrechen. Später kommt es zu krampfartigen Bauchschmerzen, Schwindelgefühl und Schweißausbrüchen. Bei schweren Vergiftungen erfolgt der Tod durch Atemstillstand. Die Alpenrose ist auch giftig für Rinder und Kühe, aber ebenso für Schafe, Ziegen, Esel, Hunde, Katzen, Meerschweinchen und Landschildkröten.

>> Wissenswertes: Die Volksheilkunde nutzte die getrockneten Blätter als harn- und schweißtreibendes Mittel gegen Rheuma und Gicht. Wegen möglicher Gesundheitsrisiken ist heute davon abzuraten. Der Volksglauben ging davon aus, dass Menschen, die die Blüten bei sich tragen, vom Blitz erschlagen werden. *Rhododendron ferrugineum* ist ein homöopathisches Arzneimittel.

GEWÖHNLICHER BUCHSBAUM

Buxus sempervirens

Der Buchsbaum hat wie keine andere Pflanze seit Jahrhunderten unsere Gartenkultur geprägt. Die Gattung umfasst etwa 70 Arten und ist namensgebend für die Familie der Buchsbaumgewächse. Vertreter der Gattung sind auf der ganzen Nordhalbkugel verbreitet, bei uns heimisch ist nur der Gewöhnliche Buchsbaum. Natürlicher Standort ist der lichte Eichenbuschwald. Buchsbaum hat ledrige, eiförmig bis elliptische kleine Blätter, die oberseits dunkelgrün und unterseits heller sind. Form, Farbe und Größe variieren nach Sorten. Nach der Blüte erscheinen kugelige, 3-fächrige Kapseln mit schwarzen Samen.

ZAHLEN & FAKTEN

- immergrüner Strauch, 30–500 cm hoch
- Blüten unscheinbar, gelblich grün, in Büscheln, in den Blattachseln, März bis April
- sonniger bis (halb-)schattiger Standort
- mag frische, kalkhaltige durchlässige Böden mit hohem Nährstoffgehalt
- alle Pflanzenteile, besonders Blätter und Rinde, sind stark giftig

>> Giftstoffe und ihre Wirkung: Buchsbaum enthält Alkaloide (Buxin), die bei Verzehr Übelkeit, Erbrechen, Schwindel, Durchfall, Krämpfe und Kollaps auslösen. Buchsbaumblätter sind auch giftig für Schweine, Hunde und Pferde. Achtung, der Kontakt mit der Pflanze kann Hautreizungen hervorrufen.

>> Wissenswertes: Buchsbaum ist eine alte Heilpflanze und wurde von antiken Ärzten beschrieben. Sie empfahlen ihn bei Husten, Fieber, Magen- und Darmerkrankungen, aber auch bei Malaria. Die Volksheilkunde verwendete Buchsbaum bei Hauterkrankungen, Rheuma und Gicht. Die Stämme und Äste bestehen aus sehr hartem, schwerem Holz und sind daher für Drechselarbeiten sehr beliebt. Buchsbaum ist die prägende Pflanze barocker Gartenanlagen, allerdings ist er heute durch Krankheiten (Buchsbaumzünsler, Triebsterben, Pilzerkrankungen) massiv bedroht.

EUROPÄISCHE EIBE

Taxus baccata

Die Europäische Eibe, auch Gemeine Eibe genannt, ist der einzige Baum der Gattung *Taxus*, der in Europa heimisch ist. Die immergrünen Sträucher oder Bäume haben spiralförmig angeordnete Nadeln, die oberseits glänzend grün, unterseits blassgrün und weich sind. Nach der unscheinbaren Blüte erscheinen karminrote Früchte, die an Beeren erinnern. Bei uns kommen Eiben häufig in Laubwäldern, Gärten und Parks vor.

» **Giftstoffe und ihre Wirkung:** Nadeln und Samen enthalten das Alkaloid Taxin. Bei Vergiftungen kommt es zu Erbrechen, heftigen Bauchschmerzen, schmerzhaften Koliken und zu Durchfällen. Es folgen zunächst beschleunigter, später verlangsamter Puls (und Atmung), Schwindel, Abnahme der Herzleistung und zum Schluss der Tod durch Herzstillstand. Spätwirkungen können Leberversagen und Störungen der Blutgerinnung sein. Eiben sind giftig für Pferde, Rinder, Kühe, Schafe, Ziegen, Schweine, Hunde, Katzen, Kaninchen, Meerschweinchen, Hamster, Ratten, Mäuse und Vögel.

» **Wissenswertes:** Der vielleicht langlebigste Baum der Welt wird seit langem mit Magie, Tod und Wiedergeburt in Verbindung gebracht. In Großbritannien findet man in alten Kirchhöfen uralte (bis 2 000 Jahre) Eiben, die dort schon lange vor dem Bau der Kirchen standen. Die Volksheilkunde verwendete Eibenzubereitungen bei Wurmbefall, als Herzmittel oder zur Förderung der Menstruation. Schwere Vergiftungen waren dabei nicht auszuschließen.

ZAHLEN & FAKTEN

- Baum, bis 20 m hoch
- meist zweihäusig, männliche Blüten gelblich, weibliche Blüten grünlich, unscheinbar, März bis April
- sonniger bis halbschattiger Standort
- frische bis feuchte, kalkhaltige Böden
- alle Pflanzenteile sind stark giftig, Ausnahme: die Samenmäntel (Arillus)

FÄRBER-GINSTER

Genista tinctoria

Der Färber-Ginster stammt aus der Familie der Hülsenfrüchtler und ist in Europa und Asien zu Hause. Er wächst auf Heiden, Magerrasen, an Felshängen und Waldrändern sowie in lichten Wäldern. Seine Wurzeln leben in Symbiose mit Knöllchenbakterien, die den Luftstickstoff binden und so zur Bodenverbesserung beitragen. Er bildet eine lange Pfahlwurzel. Die Triebe sind, anders als bei anderen Ginsterarten, dornenlos und mit wintergrünen, lanzettlichen Laubblättern besetzt. Die Früchte sind stark abgeflachte Hülsen. Der in Europa ebenfalls weit verbreitete Besenginster (*Cytisus scopariaus*) ist ebenfalls stark giftig!

ZAHLEN & FAKTEN

- Halbstrauch, 50–100 cm hoch
- Schmetterlingsblüten, in Trauben stehend, goldgelb, Juni bis August
- sonniger bis absonniger Standort
- mag lockere, durchlässige, schwach saure bis neutrale Böden mit eher geringem Nährstoffgehalt
- alle Pflanzenteile sind stark giftig

>> Giftstoffe und ihre Wirkung: Färber-Ginster enthält Cytisin, ein Giftstoff, der auch im Goldregen vorhanden ist. Bei oraler Aufnahme kann es zu Erbrechen, Durchfall, Schwindel, Lähmungen und Kreislaufstörungen kommen. Bei starker Vergiftung folgen zuerst Steigerung des Blutdrucks, dann Absenkung und zum Schluss die Lähmung des Atemzentrums. Ginster ist für viele Tiere giftig und sollte nicht an Teiche gepflanzt werden, da die Samen für Fische tödlich sein können.

>> Wissenswertes: Schon die Römer verwendeten Färber-Ginster zum Färben von Leinen und Wolle. Als Farbstofflieferanten werden Zweige, Blätter und Blüten verwendet. Die Volksheilkunde kennt Färber-Ginster-Kraut als Bestandteil von Blutreinigungstees bei Harnwegsinfektionen, bei Blasen- und Nierensteinen sowie bei Rheuma und Gicht.

KORALLENBAUM

Erythrina crista-galli

Der Korallenbaum oder Korallenstrauch zählt mit seinen leuchtend roten Blüten zu den auffälligsten Kübelpflanzen, die wir haben. Er stammt aus der Familie der Schmetterlingsblütler und ist in Südamerika zu Hause. In Argentinien gilt er als Nationalbaum. Seine endständigen großen Blütenstände erinnern an Hahnenkämme, was ihm den Artnamen gab (lat. *crista-galli* = Hahnenkamm). Die Blätter sind 3-zählig, grün und stehen wechselständig, die Früchte sind Hülsen. Zweige, Äste, Blattstiele und Mittelrippen (unterseits) der Blätter haben kleine Dornen. Der Korallenbaum hat einen kurzen, dicken Stamm mit gefurchter Rinde.

>> Giftstoffe und ihre Wirkung: Der Korallenbaum enthält Alkaloide, denen eine halluzinogene Wirkung zugeschrieben wird. Der Verzehr kleiner Mengen Samen ruft eine starke Blutdrucksteigerung hervor. Größere Mengen lösen Heiterkeit, Halluzinationen, Gleichgewichtsstörungen, Fieber und Hautrötungen aus. Vergiftungen von Tieren sind nicht bekannt.

>> Wissenswertes: Die Wirkung der Erythrina-Alkaloide ähnelt dem südamerikanischen Pfeilgift Curare, das Muskellähmungen hervorruft. Indianer nutzten Extrakte der Samen für Racheakte aller Art. Bei uns ist der Korallenstrauch eine Kübelpflanze, die meist in botanischen Gärten zu finden ist. Er ist pflegeleicht, einfach zu überwintern und daher auch für die Begrünung von Balkonen und Terrassen interessant. Bei guter Pflege kann er sehr alt werden, in jedem Jahr neu austreiben und reich blühen.

ZAHLEN & FAKTEN

- Strauch, 1–2 m hoch, am Naturstandort 3–5 m
- Schmetterlingsblüten mit vergrößertem Schiffchen, scharlachrot, in Trauben stehend, Juli bis September
- sonniger Standort, etwas windgeschützt
- mag durchlässige Kübelpflanzenerde mit hohem Nährstoffgehalt
- ganze Pflanze ist stark giftig, besonders Samen

BITTER-MANDEL

Prunus dulcis var. amara

Die Bitter-Mandel oder Bittere Mandel ist eine enge Verwandte unseres Mandelbaumes (Süße Mandel, *Prunus dulcis* var. *dulcis*) und stammt aus der Familie der Rosengewächse. Sie ist ursprünglich in Mittel- und Vorderasien heimisch, wird aber seit Jahrtausenden im Mittelmeerraum angebaut. Bei uns finden wir sie in Gegenden mit mildem Weinbauklima. Mandelbäume sind sommergrüne Gehölze mit locker belaubten Kronen. Die Blätter sind länglich lanzettlich, gezähnt und glänzend dunkelgrün. Vor dem Laubaustrieb erscheinen die Blüten und anschließend die graugrünen, bei Reife graubraunen, filzig behaarten Steinfrüchte.

ZAHLEN & FAKTEN

- Baum, 5–10 m hoch
- Blüten breit glockig, zu zweit stehend, weiß bis rosa, März bis April
- sonniger bis absonniger, warmer Standort
- mag gut durchlässige, leicht kalkhaltige Böden mit hohem Nährstoffgehalt
- bittere Mandeln sind stark giftig

>> Giftstoffe und ihre Wirkung: Bitter-Mandeln enthalten das Glykosid Amygdalin, das im Magen in Blausäure gespalten wird. Im Fall einer Vergiftung kann es zu Durchfällen kommen, größere Mengen bitterer Mandeln können das Atemsystem lähmen. 6–10 bittere Mandeln gelten für Kinder als tödlich. Bittere Mandeln sind als Nahrungsmittel für Tiere absolut nicht geeignet.

>> Wissenswertes: Die Mandel war schon im Altertum bekannt und wurde bereits vor 2 500 Jahren von den Griechen in Europa eingeführt. Sie ist möglicherweise das älteste Kulturobst der Alten Welt. Der Mandelbaum ist Pflanze der griechischen Mythologie und wurde auch in der Bibel mehrfach erwähnt. Zum Genuss werden ausschließlich „süße" Mandelsorten verwendet, die nur wenige Giftstoffe enthalten.

BITTERSÜSSER NACHTSCHATTEN

Solanum dulcamara

Der Bittersüße Nachtschatten ist eine Pflanze aus der Familie der Nachtschattengewächse. Er ist heimisch, wächst meist in der Nähe von Wasser und ist in Weidengebüsch, im flachen Moor und in Erlen-Bruchwäldern zu finden. Der Bittersüße Nachtschatten breitet sich unterirdisch aus und bildet lange Ranken. Die Blätter sind eiförmig, oberseits dunkelgrün und unterseits heller. Nach der Blüte erscheinen eiförmige, leuchtend rote Beeren. Der Bittersüße Nachtschatten ist eng mit dem Schwarzen Nachtschatten (*Solanum nigrum*) verwandt. Dieser ist ähnlich giftig, hat weiße Blüten, schwarze Beeren und ist an Äckern, auf Schuttplätzen, an Mauern und in Gärten zu finden.

>> Giftstoffe und ihre Wirkung: Nachtschattengewächse enthalten Solanin. Beim versehentlichen Verzehr der Beeren ist mit Übelkeit, Erbrechen, Pupillenerweiterung, Zungenlähmung, Augenflimmern, Pulsbeschleunigung und Krämpfen zu rechnen. Der Tod erfolgt durch Atemlähmung. Vorsicht, schon die Menge von 6–8 Beeren löst bei Kindern erste Vergiftungserscheinungen aus. Die Pflanze ist giftig für Pferde, Rinder, Schweine, Hunde, Katzen, Kaninchen, Hamster, Meerschweinchen und Vögel.

>> Wissenswertes: Bittersüßer Nachtschatten wird schon lange bei rheumatischen Beschwerden, chronischer Bronchitis und bei Hautleiden verwendet. Heute ist sein Extrakt Bestandteil von Präparaten zur unterstützenden Therapie von chronischen Hautleiden. Dulcamara ist ein häufig verwendetes homöopathisches Arzneimittel.

ZAHLEN & FAKTEN

- Halbstrauch, rankend, 30–200 m hoch
- Blüten 5-teilig, violett, mit gefleckter Basis, in Trauben, Juli bis Oktober
- sonniger bis absonniger Standort
- mag frische bis feuchte Böden mit hohem Nährstoffgehalt
- alle Pflanzenteile sind stark giftig, besonders unreife Samen

OLEANDER

Nerium oleander

Der Oleander, auch Rosenlorbeer genannt, ist ein Strauch aus der Familie der Hundsgiftgewächse. Er stammt aus Spanien und Marokko und ist im ganzen Mittelmeerraum verbreitet. Bei uns wurde die Pflanze vor rund 500 Jahren eingeführt und ist eine weit verbreitete Kübelpflanze. Oleander wächst mehrtriebig, hat unverzweigte Stämme und fleischig-ledrige, lanzettförmige Blätter, die zu dritt in Quirlen stehen. Nach der Blüte erscheinen schotenartige Balgfrüchte, die bei Reife aufspringen. Als Zierpflanze wird Oleander heute in zahlreichen Sorten angeboten.

ZAHLEN & FAKTEN

- Strauch, 100–200 cm hoch, am Naturstandort 300–500 cm
- trichterförmige Blüten, rot, rosa, weiß, in Trugdolden stehend, Juni bis September
- sonniger Standort, etwas windgeschützt
- mag frische bis feuchte, stickstoffreiche Böden
- ganze Pflanze ist stark giftig

>> Giftstoffe und ihre Wirkung: Oleander enthält in allen Teilen herzwirksame Glykoside. Bei Vergiftungen kommt es zu Gefühllosigkeit im Mund- und Rachenraum, Übelkeit, Erbrechen, blauen Lippen, Herzrhythmusstörungen, Pupillenerweiterung und Atemnot. Der Tod kann schon 2–3 Stunden nach Aufnahme des Giftes eintreten. Vorsicht, die Pflanze kann hautreizend wirken. Oleander ist auch giftig für Pferde, Rinder, Kühe, Schafe, Ziegen, Hunde, Katzen, Kaninchen, Meerschweinchen, Hamster und Vögel.

>> Wissenswertes: Schon unter Alexander dem Großen war die Giftwirkung des Oleanders bekannt. Der große Arzt Dioskurides empfiehlt ihn, in Wein eingelegt, gegen Schlangenbisse. Die mittelalterliche Volksheilkunde kennt Oleander als Mittel gegen Parasiten und als Rattengift. Die Reinsubstanzen der Pflanze sind heute Bestandteil von Präparaten zur Behandlung von geschwächter Herzleistung.

JAPANISCHER PAGODENBAUM

Styphnolobium japonicum

Der Japanische Pagodenbaum, auch Japanischer Schnurbaum, Honigbaum oder Japanische Sophore genannt, ist ein mittelgroßer Baum aus der Familie der Schmetterlingsblütler. Sein natürliches Verbreitungsgebiet reicht von Japan über Korea bis nach China. Er hat eine glatte, hellgrüne Rinde mit hellen Korkwarzen. Die langen Blätter sind unpaarig gefiedert und haben 7–17 eiförmige, glänzend dunkelgrüne Blättchen. Nach der Blüte erscheinen kahle Hülsenfrüchte mit bis zu sechs eingeschnürten Samen.

>> Giftstoffe und ihre Wirkung: Die größte Gefahr geht von den unreifen Früchten aus, denn die unreifen Samen enthalten Cytisin. Nach versehentlichem Verzehr treten Übelkeit, Erbrechen, krampfartige Magenschmerzen und Durchfall auf. Später kann es zu Lähmungserscheinungen, zur Verminderung der roten Blutkörperchen und zur Senkung des Blutzuckerspiegels kommen. Starke Vergiftungen können tödlich sein. Der Pagodenbaum ist für alle Warmblüter giftig.

>> Wissenswertes: Im Jahr 1747 wurde der Japanische Pagodenbaum in Europa eingeführt und wächst bei uns als Zierbaum an Alleen und in Parkanlagen. Er zählt zu den modernen Heilpflanzen, denn seine Pagodenbaumknospen werden zur industriellen Gewinnung von Rutin verwendet. Rutin ist Bestandteil von pharmazeutischen Fertigpräparaten, die gegen Venenerkrankungen, bei Blutungsgefahr und gegen Infekte eingesetzt werden.

ZAHLEN & FAKTEN

- Baum, 20–30 m hoch
- Schmetterlingsblüten, weiß bis gelblich, stark duftend, in Rispen, Juli bis August
- sonniger bis absonniger Standort
- mag trockene bis frische, sandig bis kiesige, nährstoffreiche Böden
- ganze Pflanze ist stark giftig, besonders Früchte, Samen und Rinde

GEWÖHNLICHES PFAFFENHÜTCHEN

Euonymus europaeus

Das Gewöhnliche Pfaffenhütchen, auch Europäisches Pfaffenhütchen genannt, wächst in Wäldern und im Gebüsch. Es stammt aus der Familie der Spindelstrauchgewächse und ist in Mittel- und Südeuropa sowie Kleinasien weit verbreitet. Das Pfaffenhütchen wächst mehrstämmig und hat eine grüne bis olivgraue Rinde. Die Blätter sind sommergrün, eiförmig bis elliptisch und mattgrün, unterseits hellgrün. Im Herbst färben sich die Blätter leuchtend gelb bis karminrot. Die unscheinbaren, nektarreichen Blüten sowie die karminroten Kapselfrüchte ernähren Insekten und Vögel.

ZAHLEN & FAKTEN

- Strauch, 3–6 m hoch
- Blüten unscheinbar, gelblich grün, in Trugdolden, in den Blattachseln, Mai bis Juni
- sonniger bis halbschattiger Standort, beste Laubfärbung an sonnigem Standort
- mag frische bis feuchte, kalkhaltige Lehmböden mit hohem Nährstoffgehalt
- alle Pflanzenteile sind stark giftig

>> **Giftstoffe und ihre Wirkung:** Pfaffenhütchen enthalten in allen Teilen Alkaloide und besonders die bunten Früchte locken zum Probieren an. Vergiftungserscheinungen treten erst nach vielen Stunden auf, es kommt zu Übelkeit, Krämpfen und blutigen Durchfällen. Später folgen Herzrhythmusstörungen, Lähmungen und der Tod in Bewusstlosigkeit. Etwa 35 Früchte werden für Erwachsene als tödliche Dosis angesehen. Pfaffenhütchen ist auch giftig für Pferde, Schweine, Schafe, Ziegen, Hunde, Katzen, Kaninchen, Meerschweinchen und Hamster.

>> **Wissenswertes:** Die Volksmedizin verwendete früher Abkochungen der Früchte als harntreibendes Mittel. Die gepulverten Früchte und das fette Öl galten als wirksam gegen Ungeziefer. Das Holz des Strauches ist sehr feinporig, kann sehr glattgeschliffen werden und wurde daher für die Herstellung von Webspindeln (Spindelstrauch) verwendet.

GEWÖHNLICHE ROBINIE

Robinia pseudoacacia

Die Gewöhnliche Robinie oder auch Falsche Akazie ist ein großer Baum aus der Familie der Schmetterlingsblütler. Sie erreicht einen Stammdurchmesser von etwa einem Meter und hat eine raue, dicke, gefurchte Borke. Die Laubblätter treiben spät, sind unpaarig gefiedert, mit eiförmigen bis elliptischen Blättchen, teilweise mit Stachelspitzen. Die Nebenblätter und Schösslinge haben dicke Dornen. Nach der Blüte erscheinen etwa 5–12 cm lange, pergamentartig-ledrige Hülsen. Die Robinie stammt ursprünglich aus Nordamerika.

>> Giftstoffe und ihre Wirkung: Die Pflanze enthält giftige Eiweiße. Bei Vergiftung mit Rinde oder Samen ist sehr schnell mit Übelkeit und Erbrechen und Bauchschmerzen zu rechnen. Später folgen starke Müdigkeit, Durchfall, Blässe, Schwindel, erhöhte Temperatur und Sehstörungen. Der Gehalt an giftigen Inhaltsstoffen kann stark schwanken. Vorsicht beim Einatmen von Sägemehl! Robinie ist giftig für Pferde, Rinder, Hunde, Katzen, Kaninchen, Hamster, Meerschweinchen und Vögel.

>> Wissenswertes: Im Jahr 1601 wurde die Robinie bei uns eingeführt und zunächst als Zierstrauch verwendet. Später wurde der schnell wachsende Baum als Bodenverbesserer und auch als Bienenweide angepflanzt. Das harte Holz wird heute gern als Alternative zum Tropenholz zur Herstellung von wetterfesten Gartenmöbeln verwendet. Die Rinde junger Zweige wird zum homöopathischen Arzneimittel *Robinia pseudoacacia* verarbeitet.

ZAHLEN & FAKTEN

- Baum, 20–25 m hoch
- Schmetterlingsblüten, weiß, manchmal gelblich bis rosa, stark duftend, in Trauben, Mai bis Juni
- sonniger bis halbschattiger Standort
- mag mäßig nährstoffreiche Sand- und Lehmböden
- alle Pflanzenteile sind stark giftig, vor allem Rinde und Samen

KAHLE ROSMARINHEIDE

Andromeda polifolia

Die Rosmarinheide, auch Lavendelheide, Gränke oder Wilder Rosmarin genannt, ist ein immergrüner Zwergstrauch aus der Familie der Heidegewächse. Rosmarinheide wächst ausschließlich in europäischen Hochmooren. Die Pflanze verbreitet sich durch unterirdische Ausläufer und ist immer in Gruppen zu finden, meist in Kombination mit Torfmoos. An den Zweigen stehen wechselständig angeordnete Blätter. Sie sind ledrig, lanzettlich und haben eingerollte Ränder. Die Blätter sind oberseits dunkelgrün, unterseits weißfilzig und erinnern an Rosmarin. Nach der Blüte bildet die Pflanze eiförmige, fast kugelige Kapseln. Rosmarinheide ist heute selten geworden und geschützt!

ZAHLEN & FAKTEN

- Zwergstrauch, 10–20 cm hoch
- Blüten kugelig-glockig, in Doldentrauben stehend, rosa, manchmal weiß, Mai bis Juli
- sonniger Standort
- mag nasse, saure, moorige Böden mit geringem Nährstoffgehalt
- Blätter und Blüten sind stark giftig

>> **Giftstoffe und ihre Wirkung:** Blätter und Blüten enthalten den Giftstoff Andromedotoxin. Vergiftungserscheinungen sind zunächst Brennen im Mund mit erhöhtem Speichelfluss und Schluckbeschwerden. Es folgen Schwindel, Krämpfe, rauschähnliche Zustände, schwacher Puls und Atemnot. Der Tod erfolgt durch Atemlähmung. Vergiftungen sind immer wieder bei Weidetieren zu beobachten. Rosmarinheide ist giftig für Pferde, Rinder, Kühe, Schafe und Ziegen.

>> **Wissenswertes:** Der Name Andromeda stammt aus der griechischen Mythologie. Rosmarinheide wird heute wegen ihrer blutdrucksenkenden Wirkung zusammen mit anderen Wirkstoffen pharmazeutisch verwendet. Wegen der Trockenlegung von Sumpf- und Moorlandschaften sind die natürlichen Bestände der Rosmarinheide stark rückläufig.

GEWÖHNLICHER STECHGINSTER

Ulex europaeus

Der Gewöhnliche Stechginster oder auch Gaspeldorn stammt aus der Familie der Hülsenfrüchtler und ist in den atlantischen Regionen Europas zu Hause. Er wächst in Eichen- und Föhrenwäldern sowie in Heiden und Zwergstrauchheiden. Er ist ein laubabwerfender, dorniger, verzweigter Strauch und verbreitet sich vegetativ über Wurzelausläufer. Seine Laubblätter sind zu feinen Nadeln aufgerollt, die Blätter und Kurztriebe sind zu Dornen umgebildet. Blätter und Dornen dienen als Fraßschutz gegen Wiederkäuer, werden aber von Pferden, Kaninchen und Ziegen gefressen. Die Früchte sind stark behaarte, schwarzbraune Hülsen mit jeweils zwei Samen.

>> **Giftstoffe und ihre Wirkung:** Früchte und Zweige enthalten Cytisin. Vergiftungserscheinungen sind Brennen in Mund und Rachen, erhöhter Speichelfluss, Übelkeit und Schweißausbrüche. Bei schweren Vergiftungen folgen blutiges Erbrechen, Durchfall, Schwindel, Krämpfe und Kollaps.

>> **Wissenswertes:** Ursprünglich kommt der Stechginster aus den atlantischen Regionen Europas und ist inzwischen weit auf der Erde verbreitet. Er wurde zu den 100 weltweit schlimmsten Eindringlingen (Neophyten) gewählt. Stechginster bildet undurchdringliche Dickichte, die, als Hecke gepflanzt, eine ideale natürliche Auslaufbegrenzung für Haustiere darstellen. Mit seinem hohen Anteil an leicht entzündlichen Ölen stellt er in trockenen Sommern allerdings ein hohes Brandrisiko dar.

ZAHLEN & FAKTEN

- Strauch, 100–200 cm hoch
- Schmetterlingsblüten, einzeln stehend, goldgelb, Mai bis Juni
- sonniger Standort
- mag trockene oder sumpfige Sandböden
- Früchte und Zweige sind stark giftig

WUNDERSTRAUCH

Codiaeum variegatum var. *pictum*

Der Wunderstrauch, auch Kroton genannt, stammt ursprünglich aus Südostasien und gehört zur Familie der Wolfsmilchgewächse. In seiner Heimat wächst der bunte Strauch als Unterholz in tropischen Wäldern. Wegen seiner bunten Blätter zählt der Wunderstrauch zu unseren beliebtesten Topfpflanzen. Die Blätter sind unterschiedlich geformt und gefärbt: schmal oder breit, ganzrandig oder gelappt in leuchtenden, glänzenden Farben, grün, gelb, orange bis purpur. Der Wunderstrauch enthält in allen Pflanzenteilen hellen Milchsaft.

ZAHLEN & FAKTEN

- Strauch, als Zimmerpflanze 40–100 (max. 200) cm hoch, am Naturstandort 4–5 m
- Blüten unscheinbar, einhäusig, gelblich in Trauben, von Mai bis August
- absonniger bis halbschattiger Standort bei viel Wärme (mind. 18 °C), im Winter nicht unter 16 °C
- mag durchlässiges Substrat, Staunässe vermeiden
- Milchsaft ist stark giftig

>> **Giftstoffe und ihre Wirkung:** Der Milchsaft enthält giftige Eiweißverbindungen. Vergiftungserscheinungen bei Verzehr sind Brennen in Mund und Rachen, Erbrechen, Durchfall und Darmkrämpfe. Vorsicht, der Pflanzensaft kann allergische Hautreaktionen auslösen. Der Wunderstrauch ist auch giftig für Hunde, Katzen, Hasen, Hamster und Vögel.

>> **Wissenswertes:** Der Wunderstrauch ist seit langer Zeit eine unserer beliebtesten Zimmerpflanzen und wird in zahlreichen Sorten angeboten. Die Pflanze ist relativ pflegeleicht und daher ideal für die Innenraumbegrünung geeignet. Der Wunderstrauch liebt helle, nicht zu sonnige Plätze und eine hohe Luftfeuchtigkeit. Um Blattabwurf und verkahlende Stämme zu vermeiden, sollte Zugluft und Staunässe unbedingt vermieden werden. Vorsicht mit kleineren Kindern.

WÜSTENROSE

Adenium obesum

Die Wüstenrose ist bei uns eine recht neue Zimmerpflanze. Mit ihrem dicken Stamm und beeindruckenden Blüten ist sie nicht nur im Sommer attraktiv. Die Wüstenrose gehört zur Familie der Hundsgiftgewächse, ihre Heimat sind die Trockengebiete Arabiens und Nordostafrikas. Sie ist also die perfekte Zimmerpflanze für sehr sonnig-heiße Fensterbänke oder Wintergärten. Die Wüstenrose entwickelt einen stark verdickten Stamm, der als Wasserspeicher dient. So ist die Pflanze selbst an ihrem Naturstandort sommergrün. Der manchmal ungewöhnlich geformte Stamm enthält, genau wie die dunkelgrünen, ledrig-dicken, eiförmigen Blätter, weißen Milchsaft.

>> Giftstoffe und ihre Wirkung: Der Milchsaft ist wie bei allen Hundsgiftgewächsen stark giftig. Er enthält unter anderem Cardenolide und Honghelin, die Vergiftungserscheinungen ähneln denen des Roten Fingerhutes. Bei oraler Aufnahme kommt es zu Übelkeit, Erbrechen und Herz-Kreislauf-Störungen, bei starker Vergiftung zu Herzlähmungen. Die Wüstenrose ist auch für Hunde, Katzen, Kaninchen, Meerschweinchen, Hamster und Vögel giftig. Die Vergiftungserscheinungen ähneln denen des Menschen.

>> Wissenswertes: In ihrer Heimat wird der Milchsaft als Pfeilgift verwendet. Bei uns wird die Pflanze in verschiedenen Sorten als Topfpflanze kultiviert.

ZAHLEN & FAKTEN

- Strauch, als Zimmerpflanze 40–50 (max. 90) cm hoch, am Naturstandort 3–5 m
- trichterförmige Blüten, rosa, in Sorten auch weiß, von April bis September
- sonniger Standort bei viel Wärme (20–25 °C), im Sommer gern im Freiland, im Winter nicht unter 10 °C
- mag luftdurchlässiges Substrat
- Milchsaft ist stark giftig

SCHWACH GIFTIGE PFLANZEN

Schwach giftige Pflanzen finden wir überall. Sie können hautreizend oder fototoxisch wirken und/oder beim Verzehr Übelkeit und Erbrechen auslösen. Mit lebensgefährlichen Vergiftungen ist hier selten zu rechnen. Die Abgrenzung zu den sehr schwach giftigen Pflanzen ist nicht immer eindeutig. Manchmal werden auch sehr aromatische Gewürzpflanzen zu der Gruppe gezählt, durch deren übermäßigen Verzehr Magenreizungen ausgelöst werden können.

KRAUTIGE PFLANZEN

GEWÖHNLICHE AKELEI

Aquilegia vulgaris

Die Gewöhnliche oder auch Gemeine Akelei ist eine heimische Pflanze aus der Familie der Hahnenfußgewächse. Sie ist in lichten Wäldern, auf Wiesen und im Gebüsch zu Hause. Außerdem ist sie eine beliebte Gartenstaude. Die Akelei hat blaugrüne 3-teilige Blätter, wächst aufrecht, hat attraktive Blütenstände und bildet vielsamige Balgfrüchte.

>> **Giftstoffe und ihre Wirkung:** Bei Verzehr von Blättern kann es zu Benommenheit, Herzbeschwerden, Atemnot, Krämpfen und Durchfällen kommen.

ZAHLEN & FAKTEN

- mehrjährig, 40–70 cm hoch
- nickende Blüten, blau, in Varianten rosa oder weiß, Mai bis Juni
- halbschattiger Standort
- mag durchlässige, nährstoffreiche, eher kalkhaltige Böden
- alle Pflanzenteile sind giftig

ZAHLEN & FAKTEN

- mehrjährig, bis 60 cm hoch
- röhrenförmige Blüten, in Trauben stehend, goldgelb bis orange, Januar bis April
- sonniger Standort
- mag durchlässige, mineralische, nährstoffarme Erden
- ganze Pflanze ist giftig

ECHTE ALOE

Aloe vera

Die Echte Aloe ist eine Pflanze aus der Familie der Grasbaumgewächse und stammt ursprünglich von der Arabischen Halbinsel. Sie bildet Blattrosetten mit dicken, fleischigen, bedornten Blättern, aus deren Mitte der Blütenstand treibt. Die Früchte sind Kapseln.

>> **Giftstoffe und ihre Wirkung:** Obwohl die Echte Aloe eine Heilpflanze ist, kann es bei Verzehr zu Vergiftungen kommen. Problematisch ist das gelbe Sekret unter der Blattrinde, das vor der Nutzung entfernt werden muss. Sonst hat die Pflanze stark abführende Wirkung und es kann zu Kontaktdermatitis kommen. Die meisten Aloe-Arten sind giftig.

WILDES ALPENVEILCHEN

Cyclamen purpurascens

Das Wilde Alpenveilchen, auch Sommer-Alpenveilchen oder Europäisches Alpenveilchen genannt, stammt aus der Familie der Primelgewächse. Es ist in Mischwäldern südeuropäischer Gebirgsregionen zu Hause. Dort zählt es zu den gefährdeten Pflanzen und ist geschützt. Aus den Knollen wachsen grundständige, herzförmige, silbrig gefleckte Laubblätter, die unterseits rötlich sind.

>> **Giftstoffe und ihre Wirkung:** Bei Verzehr ist mit Übelkeit, Erbrechen, Durchfall, Krämpfen und Lähmungen zu rechnen. Der Saft der Knolle wirkt hautreizend. Alpenveilchen sind giftig für Fische.

ZAHLEN & FAKTEN

- mehrjährig, 5–15 cm hoch
- nickende Blüten, karminrot oder tiefrosa, Juli bis September
- halbschattiger bis schattiger Standort
- mag feuchte, humose, nährstoffreiche Böden
- Knolle ist giftig

ZAHLEN & FAKTEN

- mehrjährig, 15–30 cm hoch
- nickende Blüten, weiß, rosa oder rot, September bis April
- halbschattiger Standort, kühl
- mag feuchte, humose, nährstoffreiche Erde
- Knolle ist giftig

ZIMMER-ALPENVEILCHEN

Cyclamen persicum

Das Zimmer-Alpenveilchen gehört zur Familie der Primelgewächse und ist im Mittelmeerraum zu Hause. Bei uns zählt es wegen seiner reichen Blüte im Winter zu den beliebtesten Topfpflanzen. Aus den Knollen wachsen grundständige, herzförmige, silbrig gefleckte Laubblätter, die unterseits rötlich sind. Nach der Blüte im Winter erscheinen kugelige Kapseln. Alpenveilchen gibt es in vielen Sorten, auch als Schnittblumen.

>> **Giftstoffe und ihre Wirkung:** Bei Verzehr ist mit Übelkeit, Erbrechen, Durchfall, Krämpfen und Lähmungen zu rechnen. Der Saft der Knolle wirkt hautreizend. Alpenveilchen sind giftig für Fische.

ZWERG-BLATTFAHNE

Spathiphyllum wallisii

Die Zwerg-Blattfahne, auch Zwerg-Scheidenblatt, Einblatt oder Panama-Blattfahne genannt, ist eine Pflanze aus der Familie der Aronstabgewächse und stammt ursprünglich aus den tropischen Gebieten Südamerikas. Bei uns ist sie eine beliebte Zimmerpflanze und verbessert das Raumklima. Sie ist ausdauernd und hat elliptische bis längliche, dunkelgrüne Blätter. Nach der Blüte erscheinen kolbenartige Fruchtstände mit Beeren.

>> **Giftstoffe und ihre Wirkung:** Bei Verzehr der Blätter kann es zu Vergiftungen wie Brennen auf der Zunge mit großem Durstgefühl, Krämpfen, Entzündungen und Herzrhythmusstörungen kommen.

ZAHLEN & FAKTEN

- mehrjährig, als Zimmerpflanze 30–40 cm hoch
- cremeweiße Blüten, in Kolben stehend, mit weißer Spatha, Mai bis August
- halbschattiger bis schattiger Standort, warm
- mag durchlässige, humose, nährstoffreiche Erde
- ganze Pflanze ist giftig

ZWEIBLÄTTRIGER BLAUSTERN

Scilla bifolia

Der Zweiblättrige Blaustern ist ein Zwiebelgewächs aus der Familie der Spargelgewächse. Er ist im Mittelmeerraum heimisch, besiedelt bei uns aber auch feuchte Laubmisch- und Auenwälder. Außerdem ist er eine beliebte Zierpflanze für Gärten und Parks. Jede Zwiebel bringt eine Blütentraube hervor und zwei breit-linealische, fleischige Blätter. Die Früchte sind 3-kantige Kapseln.

>> **Giftstoffe und ihre Wirkung:** Vergiftungserscheinungen sind Übelkeit, Brennen im Mund und starker Hustenreiz. Der Pflanzensaft kann Hautreizungen auslösen.

ZAHLEN & FAKTEN

- mehrjährig, 10–20 cm hoch
- Blüten sternförmig, blau, in Trauben stehend, März bis Mai
- sonniger bis halbschattiger Standort
- mag humusreiche, lockere, warme, kalkhaltige Böden
- ganze Pflanze ist giftig

BOGENHANF

Sansevieria trifasciata

Der Bogenhanf, auch Sansevierie oder Schwiegermutterzunge genannt, ist eine ausdauernde sukkulente Pflanze aus der Familie der Spargelgewächse. Seine Heimat ist das tropische Afrika, bei uns ist er eine beliebte Zimmerpflanze. Er wächst rosettig und hat lange, schwertförmige Blätter mit grünen Flecken. Die Pflanze blüht sehr selten und wenn, duftet sie stark.

>> **Giftstoffe und ihre Wirkung:** Vergiftungserscheinungen sind Übelkeit, Erbrechen, Krämpfe und Durchfall. Das Gift ist auch in der Lage, Blut zu zersetzen. Der Bogenhanf ist giftig für Hunde, Katzen und Kleintiere, wie Ratten, Mäuse oder Hamster.

ZAHLEN & FAKTEN

- mehrjährig, bis 100 cm hoch
- Blüten weiß, in Trauben stehend, duftend, selten blühend, März bis Mai
- sonniger Standort, warm
- mag durchlässige, mineralische, nährstoffarme Erden
- ganze Pflanze ist giftig

ZAHLEN & FAKTEN

- mehrjährig, 60–100 cm hoch
- weiße oder rosa Blüten, in Trauben stehend, Mai bis Juni
- sonniger bis halbschattiger Standort
- mag trockene, kalkhaltige, stickstoffarme Böden
- ganze Pflanze ist fototoxisch

BRENNENDER BUSCH

Dictamnus albus

Der Brennende Busch, auch Diptam genannt, ist eine Pflanze aus der Familie der Rautengewächse und stammt aus dem Mittelmeerraum. Diptam hat dunkelgrüne, unpaarig gefiederte Blätter mit 5–11 Blättchen. Die Pflanze enthält ätherische Öle, deren Dämpfe schwerer sind als Luft und die sich an heißen, windstillen Tagen leicht selbst entzünden können (Brennender Busch).

>> **Giftstoffe und ihre Wirkung:** Diptam enthält hautreizende Substanzen (Furanocumarine), die bei Berührung mit der Haut fototoxisch wirken. Wird die Pflanze bei Sonnenlicht berührt, können verbrennungsartige Verletzungen auftreten.

ECHTER BUCHWEIZEN

Fagopyrum esculentum

Der Echte Buchweizen, auch Gewöhnlicher Buchweizen genannt, ist eine Pflanze aus der Familie der Knöterichgewächse und stammt wahrscheinlich aus dem asiatischen Raum. Bei uns wird das Pseudogetreide seit dem 13. Jahrhundert angebaut und ist eine bewährte Alternative zum Getreide. Buchweizen ist genügsam, wurzelt tief und hat herzförmige Blätter. Aufgrund seiner ölhaltigen, nussähnlichen Früchte wird Buchweizen in der Vollwertküche sehr geschätzt.

>> Giftstoffe und ihre Wirkung: Das Laub enthält Fagopyrin und wirkt fototoxisch. Das Heu ist giftig für Tiere, es kann Durchfälle und Krämpfe auslösen.

ZAHLEN & FAKTEN

- 1-jährig, 50–70 cm hoch
- Blüten weiß bis rötlich, in lockeren Trauben stehend, Juni bis September
- halbschattiger bis schattiger Standort
- mag leichte, saure Böden
- Laubblätter sind giftig

ZIMMER-CLIVIE

Clivia miniata

Die Clivie, auch Riemenblatt genannt, ist eine Pflanze aus der Familie der Amaryllisgewächse. Sie stammt ursprünglich aus Südafrika, wird aber schon seit mehr als 150 Jahren als Zimmerpflanze kultiviert. Aus fleischigen Wurzeln treiben lange, dunkelgrüne, derbfleischige Blätter. Nach der Blüte erscheinen rote Kapselfrüchte.

>> Giftstoffe und ihre Wirkung: Symptome einer Vergiftung sind Übelkeit, Erbrechen und Durchfall sowie erhöhter Speichelfluss und Schweißausbrüche. Die Einnahme von größeren Dosen kann zu Lähmungen und Kollaps führen. Clivien sind für Hunde und Katzen giftig.

ZAHLEN & FAKTEN

- mehrjährig, als Zimmerpflanze 40–60 cm hoch
- trichterförmige bis glockige Blüten, in Dolden stehend, rot oder orange, Februar bis Mai
- absonniger bis halbschattiger Standort
- mag durchlässige, lehmhaltige, nährstoffreiche Erde
- ganze Pflanze ist giftig, besonders der Zwiebelstamm

VIERBLÄTTRIGE EINBEERE

Paris quadrifolia

Die Vierblättrige Einbeere, auch Wolfsbeere genannt, ist eine mehrjährige krautige Pflanze aus der Familie der Germergewächse. Sie ist in Europa und Asien zu Hause und wächst in krautreichen Wäldern. Aus den Rhizomen wachsen Stängel, an deren Spitzen 4–5 breit-eiförmige Blätter in Quirlen stehen. In der Mitte sitzt zunächst der blauschwarze Fruchtknoten und später die dunkelblaue Beere.

>> **Giftstoffe und ihre Wirkung:** Bei Verzehr ist mit Übelkeit, Erbrechen, Durchfällen und Schwindel zu rechnen. Giftig für Pferde.

ZAHLEN & FAKTEN

- mehrjährig, 15–30 cm hoch
- Blüten endständig, 4-zählig, grün, Mai bis Juni
- sonniger bis halbschattiger Standort
- mag feuchte, nährstoffreiche Böden
- alle Pflanzenteile sind giftig

ZAHLEN & FAKTEN

- mehrjährig, als Zimmerpflanze 30–40 cm hoch
- unscheinbare, weißliche Blüten, in Kolben stehend, mit grüner Spatha, April bis Mai
- halbschattiger Standort
- mag durchlässige, humose, schwach saure Erde
- ganze Pflanze ist giftig

ELEFANTENOHR

Caladium bicolor

Das Elefantenohr, auch Buntwurz genannt, ist eine Pflanze aus der Familie der Aronstabgewächse. Sie stammt ursprünglich aus dem tropischen Südamerika und ist dort im Unterholz der Regenwälder zu Hause. Bei uns ist sie eine beliebte Zierpflanze. Aus dem knolligen Wurzelstock treiben im Frühjahr bunte, breit-pfeilförmige Blätter, die sich im Herbst wieder zurückziehen. Die Früchte sind Beeren.

>> **Giftstoffe und ihre Wirkung:** Bei Verzehr von Blättern oder Früchten ist mit Übelkeit und Erbrechen, aber auch Darmentzündungen zu rechnen. Die Blätter sind giftig für Kleintiere, Nager und Vögel.

BLAUE FÄRBERHÜLSE

Baptisia australis

Die Blaue Färberhülse, auch Indigolupine genannt, ist eine Staude aus der Familie der Schmetterlingsblütengewächse und stammt ursprünglich aus Nordamerika. Dort wächst sie auf Prärieflächen und an Gehölzrändern. Bei uns avanciert die attraktive Pflanze zu einer beliebten Gartenstaude. Sie ist sehr frosthart, hat ein weit verzweigtes Wurzelsystem und 3-teilig bis unpaarig gefiederte graugrüne Blätter. Neben der Blüte ist auch der Fruchtschmuck attraktiv. Es handelt sich um haltbare blasige Hülsen.

>> **Giftstoffe und ihre Wirkung:** In kleinen Dosen wirkt *Baptisia* abführend. Größere Dosen verursachen Durchfall.

ZAHLEN & FAKTEN

- mehrjährig, 100–150 cm hoch
- Schmetterlingsblüten, violettblau, in Trauben stehend, Juni bis August
- sonniger Standort
- mag sandig, kiesige, eher nährstoffarme Böden
- alle Pflanzenteile sind giftig

ZAHLEN & FAKTEN

- mehrjährig, 200–300 cm hoch
- Blüten hellbraun oder cremeweiß, in Rispen stehend, Juni bis August
- sonniger Standort, windstill
- mag frische bis feuchte, humose, nährstoffreiche Böden
- alle Pflanzenteile, besonders der Milchsaft, sind giftig

WEISSER FEDERMOHN

Macleaya cordata

Der Weiße Federmohn ist eine imposante Gartenstaude aus der Familie der Mohngewächse. Seine Heimat sind die Bergwälder Japans und Ostchinas. Aus starken Rhizomen treiben aufrechte Stängel mit graugrünen, unterseits rötlich überlaufenen, herzförmigen, buchtig gelappten Blättern. Die Stängel und Blätter enthalten orangebraunen Milchsaft. Nach der Blüte erscheinen attraktive Fruchtstände mit winzigen Fruchtkapseln. Weitere Art: Ockerfarbiger Federmohn (*Macleaya microcarpa*).

>> **Giftstoffe und ihre Wirkung:** Vergiftungserscheinungen sind Erbrechen, Krämpfe, Durchfälle und Schläfrigkeit.

KLEINE FLAMINGOBLUME

Anthurium-Scherzerianum-Hybride

Die Kleine Flamingoblume ist eine Pflanze aus der Familie der Aronstabgewächse und stammt ursprünglich aus dem tropischen Amerika. Sie hat ledrige, lanzettliche Blätter und ist eine beliebte Zierpflanze und Schnittblume.

>> Giftstoffe und ihre Wirkung: Bei Verzehr der Blätter kann es zu Vergiftungen, wie Übelkeit, Erbrechen und Durchfall kommen. Die Berührung der Pflanze kann Hautdermatitis und auch Augenreizungen auslösen. Die Pflanze ist giftig für Hunde, Katzen, Kleintiere und Vögel.

ZAHLEN & FAKTEN

- mehrjährig, als Zimmerpflanze 40–60 cm hoch
- weiße Blüten, in Kolben stehend, mit roter Spatha, Februar bis Juli
- absonniger bis halbschattiger Standort
- mag durchlässige, humose, schwach saure Erde
- ganze Pflanze ist giftig

ACKER-GAUCHHEIL

Anagallis arvensis

Der Acker-Gauchheil stammt aus der Familie der Primelgewächse und ist bei uns heimisch. Er ist eine kriechende Pflanze, die häufig an Ackerrändern und auf Schuttflächen vorkommt. Die Laubblätter sind eiförmig und ganzrandig. Die Früchte sind kugelige Kapseln.

>> Giftstoffe und ihre Wirkung: Bei Verzehr von Blättern oder Wurzeln kann es zu Zittern, wässrigem und breiigem Stuhl, Entzündungen des Verdauungskanals und zu schwacher Narkotisierung kommen. Die Berührung der Pflanze kann Hautdermatitis auslösen. Vergiftungen wurden bisher vor allem bei Haustieren beobachtet.

ZAHLEN & FAKTEN

- 1-jährig, 10–30 cm hoch
- tellerförmige Blüten, hellkarminrot, manchmal blau, Juni bis Oktober
- sonniger Standort
- mag durchlässige, humose, nährstoffreiche Erden
- alle Pflanzenteile, besonders die Wurzeln, sind giftig

SCHARFER HAHNENFUSS

Ranunculus acris

Der Scharfe Hahnenfuß ist eine heimische Wiesenblume aus der Familie der Hahnenfußgewächse. Er wächst auf nährstoffreichen Wiesen, wird vom Vieh meist verschmäht und vermehrt sich über Rhizome und Samen. Die handförmigen Blätter sind fingerförmig geteilt, die Früchte sind Nüsschen. Zu den giftigen Hahnenfußarten gehören auch Brennender Hahnenfuß sowie Knollen- und Gift-Hahnenfuß.

>> **Giftstoffe und ihre Wirkung:** Vergiftungserscheinungen sind Übelkeit, Magenschmerzen, Brennen im Mund, Durchfälle, Schwindel und Abnahme der Herzleistung. Das frische Kraut kann Hautreizungen auslösen.

ZAHLEN & FAKTEN

- mehrjährig, 20–90 cm hoch
- schalenförmige Blüten, gelb, Mai bis Juni
- sonniger bis halbschattiger Standort
- mag frische, nährstoffreiche Böden
- alle Pflanzenteile sind giftig

GEWÖHNLICHE HASELWURZ

Asarum europaeum

Die Gewöhnliche Haselwurz zählt zu den Osterluzeigewächsen, ist heimisch und in Laubwäldern und im Gebüsch, aber auch in Gärten und Parks zu finden. Die Haselwurz ist wintergrün, hat am Boden liegende kriechende Stängel und ledrige, nierenförmige, dunkelgrüne Blätter, die einen würzigen Duft verströmen.

>> **Giftstoffe und ihre Wirkung:** Das ätherische Öl reizt die Magenschleimhäute und es kommt zu Erbrechen. Bei höherer Dosierung kommt es zu Entzündungen innerer Organe. Die Pflanze wirkt hautreizend.

ZAHLEN & FAKTEN

- mehrjährig, 10–15 cm hoch
- glockenförmige Blüten, rotviolett, unscheinbar, März bis Mai
- halbschattiger bis schattiger Standort
- mag frische, humose, leicht alkalische Böden
- alle Pflanzenteile sind giftig

HERKULESSTAUDE

Heracleum mantegazzianum

Die Herkulesstaude, auch Riesen-Bärenklau genannt, stammt aus der Familie der Doldenblütler und ist im Kaukasus zu Hause. Sie wurde um 1900 bei uns als Gartenpflanze eingeführt und gilt seitdem als Neophyt. Nach der Aussaat bilden sich Blattrosetten mit riesigen fiederschnittigen Blättern. Ab dem 2. Jahr erscheinen die tellergroßen Blütenstände, später mit länglichen Spaltfrüchten.

>> Giftstoffe und ihre Wirkung: Der Saft dieser Pflanze hat stark fototoxische Wirkung. Pflanzensaft auf der Haut wirkt bei gleichzeitiger Sonneneinstrahlung stark entzündlich. Das gilt auch für Tiere.

ZAHLEN & FAKTEN

- 2- bis mehrjährig, 2,5–4 m hoch
- Blüten weiß, in zusammengesetzten Dolden, Juni bis Juli
- sonniger bis halbschattiger Standort
- mag frische, humose Böden
- alle Pflanzenteile, besonders der Saft, sind giftig

ZWERG-HOLUNDER

Sambucus ebulus

Der Zwerg-Holunder oder Attich ist eine krautige Pflanze aus der Familie der Moschuskrautgewächse. Er bildet unterirdische Ausläufer und hat gefiederte Blätter. Nach der Blüte erscheinen schwarze Beeren. Er ist mit dem Schwarzen Holunder (*Sambucus nigra*) und dem Trauben-Holunder (*Sambucus racemosa*) verwandt, deren Blätter und Samen schwach giftig sind.

>> Giftstoffe und ihre Wirkung: Bei Vergiftungen kommt es zu Übelkeit, Erbrechen, Kratzen im Hals, Kopfschmerzen, Ohrensausen, Pupillenerweiterung, blutigem Durchfall, Sehstörungen und Herzbeschwerden. Zwerg-Holunder ist giftig für Pferde.

ZAHLEN & FAKTEN

- mehrjährig, 60–150 cm hoch
- Blüten weiß, duftend, in Doldenrispen, Juni bis August
- sonniger bis halbschattiger Standort
- mag frische bis feuchte, schwach saure Böden
- alle Pflanzenteile, besonders Wurzeln und Samen, sind giftig

HUFLATTICH

Tussilago farfara

Der Huflattich ist eine ausdauernde Pflanze aus der Familie der Korbblütengewächse. Er ist heimisch und besiedelt trocken-warme Standorte auf durchlässigen Böden. Im Frühjahr erscheinen zuerst Blütenstände und später grundständige Laubblätter. Sie sind groß, herz- oder hufförmig und unterseits graufilzig. Die Früchte sind Achänen.

>> **Giftstoffe und ihre Wirkung:** Huflattich enthält Giftstoffe, die toxisch für die Leber und wohl auch krebserregend sind. Er darf daher nur in geringer Dosierung als Hustenmittel verwendet werden, am besten sind Blätter aus dem Anbau kontrollierter Kulturen.

ZAHLEN & FAKTEN

- mehrjährig, 10–30 cm hoch
- Blüten gelb, vor dem Laubaustrieb, März bis April
- sonniger Standort
- mag trockene, durchlässige Böden
- alle Pflanzenteile sind giftig

KAISERKRONE

Fritillaria imperialis

Die Kaiserkrone ist eine Zwiebelpflanze aus der Familie der Liliengewächse und in Asien zu Hause. Bei uns ist sie in Gärten weit verbreitet. Der kräftige Stängel trägt breite lanzettliche Blätter und einen Blütenstand, der unter einem Blattschopf hängt. Die Früchte sind 6-kantige Kapseln. Wegen ihres unangenehmen Geruches wird die Kaiserkrone oft gepflanzt, um Wühlmäuse zu vertreiben.

>> **Giftstoffe und ihre Wirkung:** Vergiftungserscheinungen sind Übelkeit und Erbrechen, Krämpfe und Blutdrucksenkung. Bei extremen Vergiftungen kann Herzstillstand ausgelöst werden. Kaiserkrone ist für Vögel giftig.

ZAHLEN & FAKTEN

- mehrjährig, 70–100 cm hoch
- Blüten glockenförmig, gelb bis rot, in Quirlen hängend, April bis Mai
- sonniger bis absonniger Standort
- mag frische, durchlässige, humose Böden
- Knolle ist giftig

HECKEN-KÄLBERKROPF

Chaerophyllum temulum

Der Hecken-Kälberkropf, auch Taumel-Kerbel oder Taumel-Kälberkropf genannt, ist eine Pflanze aus der Familie der Doldenblütengewächse. Er ist in Europa zu Hause und wächst an Waldrändern sowie auf Wiesen. Aus einer Rübe wachsen mehrere verzweigte, leicht kantige, zur Basis rot gefleckte Stängel mit doppelt gefiederten Blättern. Die ganze Pflanze ist rau behaart. Die Früchte sind Spaltfrüchte.

>> **Giftstoffe und ihre Wirkung:** Tiere, die das Kraut fressen, erleiden Lähmungen, sie taumeln. Für Menschen ist die Pflanze nur sehr schwach giftig, löst bei Kontakt aber Hautreizungen aus.

ZAHLEN & FAKTEN

- 1- bis 2-jährig, 30–140 cm hoch
- Blüten weiß, in Doppeldolden stehend, Mai bis Juli
- sonniger bis halbschattiger Standort
- mag frische bis feuchte Böden mit hohem Nährstoffgehalt
- alle Pflanzenteile, besonders Kraut und Früchte, sind giftig

ZAHLEN & FAKTEN

- mehrjährig, 40–80 cm hoch
- Blüten sternförmig, weiß, in Trauben stehend, Juni bis September
- sonniger bis halbschattiger Standort
- mag durchlässige, humose, nährstoffreiche Böden
- alle Pflanzenteile, besonders Wurzeln und Samen, sind giftig

AMERIKANISCHE KERMESBEERE

Phytolacca americana

Die Amerikanische Kermesbeere ist eine krautige Pflanze aus der Familie der Kermesbeerengewächse. Sie stammt aus Nordamerika und gilt bei uns als Neophyt. Aus dicken Pfahlwurzeln treiben verzweigte, an der Basis verholzende Stängel mit mattgrünen lanzettlich eiförmigen Blättern. Die Fruchtstände haben flachkugelige, dunkelpurpurne Beeren.

>> **Giftstoffe und ihre Wirkung:** Bei kleinen Kindern kann schon der Genuss von wenigen Beeren zu Vergiftungserscheinungen wie Erbrechen, Durchfall, Schwindel und Krämpfen führen.

KÖNIGIN DER NACHT

Selenicereus grandiflorus

Die Königin der Nacht ist eine ausdauernde Pflanze aus der Familie der Kaktusgewächse. Sie stammt aus Mittelamerika und wächst als Epiphyt auf Bäumen oder kriechend auf Sandböden, bei uns als Topfpflanze. Die Königin der Nacht hat kriechende oder kletternde, längliche, sukkulente Triebe. Die Blätter sind zu Dornen umgewandelt. Nach der Blüte entwickeln sich rote, essbare Beeren (selten im Zimmer).

>> **Giftstoffe und ihre Wirkung:** Der Saft ruft Brennen im Mund, Übelkeit, Erbrechen, Durchfall und bei höherer Dosis Herzrhythmusstörungen hervor. Vorsicht, der Saft kann Juckreiz auf der Haut auslösen.

ZAHLEN & FAKTEN

- sukkulent, kletternd, im Topf 50–100 cm hoch
- schalenförmig, cremeweiß, duftend, blüht nachts, Juni bis September
- absonniger Standort, warm
- mag durchlässige, sandige, saure Erde
- ganze Pflanze ist giftig, besonders der Saft

JAKOBS-KREUZKRAUT

Senecio jacobaea

ZAHLEN & FAKTEN

- mehrjährig, 30–100 cm hoch
- Blüten gelb, in Doldentrauben stehend, Juni bis Juli
- sonniger bis absonniger Standort
- mag lehmige und tonige Böden mit mäßigem Nährstoffgehalt
- alle Pflanzenteile sind giftig

Das Jakobs-Kreuzkraut oder auch Jakobs-Greiskraut ist eine krautige Pflanze aus der Familie der Korbblütler. Es ist heimisch und wächst auf Wiesen, Ackerbrachen und Staudenfluren. Das Jakobs-Kreuzkraut ist eine kurzlebige Staude und bildet im ersten Jahr Blattrosetten, mit fiederteiligen Blättern. Die Blüten erscheinen ab dem 2. Jahr, die Früchte sind Achänen.

>> **Giftstoffe und ihre Wirkung:** Jakobs-Kreuzkraut enthält Giftstoffe, die über die Nahrungskette aufgenommen werden und toxisch für die Leber sind. Es ist auch giftig für alle Haustiere. Das Berühren der Pflanze kann Kontaktallergien auslösen.

GEWÖHNLICHE KÜCHENSCHELLE

Pulsatilla vulgaris

Die Gewöhnliche Küchenschelle, auch Kuhschelle genannt, ist eine heimische Staude aus der Familie der Hahnenfußgewächse und wächst auf Halbtrockenrasen und Bergwiesen in ganz Europa sowie in Gärten. Mit den Blüten erscheinen doppelt gefiederte Blätter, die anfangs seidig behaart sind, später folgen dekorative Fruchtstände.

>> **Giftstoffe und ihre Wirkung:** Die Pflanze wirkt hautreizend. Bei Verzehr ist mit Übelkeit, Störungen des Nervensystems sowie Entzündungen der Nieren zu rechnen. Küchenschellen sind giftig für Ziegen.

ZAHLEN & FAKTEN

- mehrjährig, 20–40 cm hoch
- glockenförmige Blüten, violett, in Sorten weiß, rosa oder rot, März bis April
- sonniger Standort
- mag durchlässige, humusreiche, kalkhaltige Böden
- alle Pflanzenteile sind giftig

ZAHLEN & FAKTEN

- mehrjährig, 10–30 cm hoch
- kugelförmige Blütenstände, Mai bis Juni
- sonniger Standort, warm
- mag durchlässige, eher magere, kalkhaltige Böden
- alle Pflanzenteile sind giftig

GEWÖHNLICHE KUGELBLUME

Globularia punctata

Die Gewöhnliche Kugelblume oder auch Punktierte Kugelblume ist eine Wildstaude aus der Familie der Wegerichgewächse. Sie ist eine heimische Pflanze der Trocken- und Kalkmagerrasen. Aus den niederliegenden Blattrosetten steigen Blütenköpfe auf. Die Rosettenblätter sind immergrün, rundlich bis elliptisch. Die Früchte sind längliche Nüsschen. Die Pflanze ist geschützt!

>> **Giftstoffe und ihre Wirkung:** Bei Verzehr ist mit Erbrechen, Koliken und Durchfällen zu rechnen. Später folgen Schwindel und Kollaps.

LAMPIONBLUME

Physalis alkekengi

Die Lampionblume, auch Judenkirsche genannt, ist eine ausdauernde krautige Pflanze aus der Familie der Nachtschattengewächse. Sie stammt aus Südosteuropa oder Westasien und wurde von dort aus in Gärten verbreitet. Aus den Rhizomen wachsen stumpfkantige, manchmal behaarte Stängel mit eiförmigen Blättern. Aus den achselständigen Blüten bilden sich die orangen Lampions mit Beeren.

>> **Giftstoffe und ihre Wirkung:** Vergiftungserscheinungen sind Übelkeit, Erbrechen und kalte Schweißausbrüche. Die Beeren gelten als essbar, es darf aber bezweifelt werden, dass sie auch in größeren Mengen ungiftig sind.

ZAHLEN & FAKTEN

- mehrjährig, 40–80 cm hoch
- Blüten 5-zählig, grünlich-weiß, Juni bis Juli
- sonniger bis halbschattiger Standort
- mag frische, durchlässige, humose, kalkhaltige Böden
- alle Pflanzenteile, mit Ausnahme der Beeren, sind giftig

ZAHLEN & FAKTEN

- mehrjährig, 5–15 cm hoch
- Blüten schalenförmig, gespornt, blauviolett, in Sorten rosa oder weiß, Februar bis April
- halbschattiger bis schattiger Standort
- mag frische, durchlässige, humose, kalkhaltige Böden
- alle Pflanzenteile sind giftig

GEWÖHNLICHES LEBERBLÜMCHEN

Hepatica nobilis

Das Gewöhnliche Leberblümchen gehört zu den Hahnenfußgewächsen und ist eine heimische Waldstaude. Sie steht unter Naturschutz und darf weder gepflückt noch ausgegraben werden. Die wintergrünen Stauden bilden kompakte Teppiche und haben glänzend grüne, gelappte, nierenförmige Blätter, später Sammelfrüchte. Leberblümchen sind beliebte Gartenblumen.

>> **Giftstoffe und ihre Wirkung:** Bei oraler Aufnahme kommt es zu Übelkeit, Erbrechen und Durchfällen. Der Saft kann hautreizend wirken.

HOHLER LERCHENSPORN

Corydalis cava

Der Hohle Lerchensporn stammt aus der Familie der Mohngewächse und ist in unseren Wäldern heimisch. Dort zählt er zu den attraktivsten Frühlingsblühern und besiedelt große Flächen. Aus einer verdickten Knolle treiben doppelt-dreizählige blaugrüne Blätter und attraktive Blütenstände. Die Früchte sind Kapseln.

>> Giftstoffe und ihre Wirkung: Vergiftungen werden selten beobachtet, da die besonders giftige Knolle tief in der Erde sitzt und nicht zum Verzehr reizt. Bei oraler Aufnahme treten zunächst Erbrechen und Durchfälle auf, später Krämpfe und Lähmungen.

ZAHLEN & FAKTEN

- mehrjährig, 15–30 cm hoch
- Blüten röhrenförmig, gespornt, lilarot und weiß, in endständigen Trauben stehend, März bis April
- halbschattiger bis schattiger Standort
- mag frische, durchlässige, humose Böden mit hohem Nährstoffgehalt
- alle Pflanzenteile, besonders die Knolle, sind giftig

ZAHLEN & FAKTEN

- mehrjährig, 10–30 cm hoch
- Blüten glockenförmig, weiß, die Spitzen sind grün gerandet, Februar bis April
- halbschattiger bis schattiger Standort
- mag feuchtere, humus- und nährstoffreiche, mäßig saure Böden
- ganze Pflanze ist giftig

MÄRZENBECHER

Leucojum vernum

Der Märzenbecher oder die Frühlings-Knotenblume ist ein Zwiebelgewächs aus der Familie der Amaryllisgewächse. Er ist in Süd- und Mitteleuropa heimisch und besiedelt feuchte Laubmisch- und Auenwälder, aber auch Gärten. In der Natur ist der Märzenbecher geschützt! Jede Zwiebel bringt 1–2 nickende Blüten hervor und hat grundständige, linealische, fleischige Blätter. Die Früchte sind Kapseln. Wenn die Umgebung passt, neigen Märzenbecher zum Verwildern.

>> Giftstoffe und ihre Wirkung: Vergiftungserscheinungen sind Übelkeit, Erbrechen, Durchfall, Krämpfe und Herzrhythmusstörungen. Märzenbecher sind giftig für Pferde.

SCHARFER MAUERPFEFFER

Sedum acre

Der Scharfe Mauerpfeffer ist eine ausdauernde krautige Pflanze aus der Familie der Dickblattgewächse. Seine Heimat ist Europa, Westasien und Nordafrika. Dort besiedelt er Mauern, Felsflure und Kiesdächer. Mauerpfeffer wächst wintergrün, bildet teppichartige Rasen und hat walzenförmige Triebe, die dicht von fleischigen Blättern umgeben sind.

>> **Giftstoffe und ihre Wirkung:** Vergiftungserscheinungen sind Reizungen im Mund und Erbrechen. Später folgen Krämpfe und Lähmungen. Giftig für Landschildkröten.

ZAHLEN & FAKTEN

- mehrjährig, 5–10 cm hoch
- Blüten sternförmig, gelb, in Wickeln stehend, Juni bis Juli
- sonniger Standort
- mag durchlässige, steinige, nährstoffarme Erde
- ganze Pflanze ist giftig

ZAHLEN & FAKTEN

- mehrjährig, 30–120 cm hoch
- Blüten sternförmig, weiß, in Doppeldolden stehend, Juni bis September
- sonniger bis absonniger Standort
- nährstoffreiche Schlammböden
- Wurzeln und Früchte sind giftig

GROSSER MERK

Sium latifolium

Der Große oder auch Breitblättrige Merk ist eine Pflanze aus der Familie der Doldenblütengewächse. Er ist eine krautige Sumpfpflanze und in Europa weit verbreitet. Aus den faserigen Wurzeln wachsen einzeln stehende Stängel mit unpaarig gefiederten Blättern. Die Unterwasserblätter sind mehrfach, die Luftblätter einfach gefiedert mit länglichen bis lanzettlichen, scharf gesägten Fiederblättchen. Nach der Blüte erscheinen Spaltfrüchte.

>> **Giftstoffe und ihre Wirkung:** Vergiftungserscheinungen sind Erbrechen mit Durchfall, Schwindel und Muskellähmungen. Der Große Merk ist auch giftig für Huftiere.

DOLDEN-MILCHSTERN

Ornithogalum umbellatum

Der Dolden-Milchstern, auch Stern von Bethlehem genannt, ist eine zwiebelbildende Pflanze aus der Familie der Spargelgewächse. Er stammt aus dem östlichen Mittelmeerraum, wurde erstmals in Kloster- und Bauerngärten gepflanzt und ist daraus verwildert. So ist er auch in Mitteleuropa heimisch geworden. Der Dolden-Milchstern hat linealische Blätter mit einem hellen Mittelstreifen und blüht in Scheindolden. Nach der Blüte erscheinen keulenförmige Kapseln.

>> **Giftstoffe und ihre Wirkung:** Vergiftungserscheinungen sind Speichelfluss, Blähungen und Schwäche. Sie wurden bisher nur bei Tieren beobachtet.

ZAHLEN & FAKTEN

- mehrjährig, 10–30 cm hoch
- Blüten sternchenförmig, weiß, in Scheindolden stehend, April bis Mai
- sonniger bis lichtschattiger Standort
- mag lockere, nährstoffhaltige, gern lehmige Böden
- ganze Pflanze ist giftig, besonders die Zwiebel

POLEI-MINZE

Mentha pulegium

ZAHLEN & FAKTEN

- mehrjährig, 10–50 cm hoch
- Lippenblüten, blau, in Scheinquirlen stehend, Juli bis September
- sonniger Standort
- mag feuchte bis nasse Böden mit hohem Nährstoffgehalt
- alle Pflanzenteile sind giftig

Die Polei-Minze, auch Polei oder Flohkraut genannt, ist eine Pflanzenart aus der Familie der Lippenblütengewächse und ist in Europa, Nordafrika und im westlichen Asien zu Hause. Die ausläuferbildende Staude wächst auf feuchten Wiesen und an Ufern und zählt bei uns zu den geschützten Pflanzen. Sie wächst niederliegend bis aufsteigend und hat eiförmige Blätter. Die Früchte sind Klausenfrüchte.

>> **Giftstoffe und ihre Wirkung:** Bei Verzehr des Krautes ist mit Würgen, Erbrechen, Blutdrucksteigerung und Lähmungen zu rechnen. Bei sehr hoher Dosierung erfolgt der Tod durch Atemlähmung.

KLATSCH-MOHN

Papaver rhoeas

Der Klatsch-Mohn, auch Mohnblume genannt, ist eine 1- bis 2-jährige Pflanze aus der Familie der Mohngewächse. Seine ursprüngliche Heimat ist Eurasien oder Nordafrika, mit dem Ackerbau wurde er aber über die ganze Welt verbreitet. Aus einer Pfahlwurzel wachsen eine Blattrosette und behaarte Stängel. Die Blätter sind mehrfach fiederteilig, gezähnt und behaart. Die Fruchtstände sind sehr dekorative einfächrige Kapseln.

» **Giftstoffe und ihre Wirkung:** Bei Verzehr von milchsafthaltigen Pflanzenteilen ist mit Erbrechen, Durchfällen und Schläfrigkeit zu rechnen. Klatsch-Mohn ist giftig für Vieh.

ZAHLEN & FAKTEN

- 1- bis 2-jährig, 50–60 cm hoch
- Blüten rot, selten rosa oder weiß, Mai bis Juli
- sonniger Standort, warm
- mag durchlässige, mäßig nährstoffreiche Böden
- alle milchsafthaltigen Pflanzenteile sind giftig

ZAHLEN & FAKTEN

- mehrjährig, 60–100 cm hoch
- Blüten in Sorten weiß, rosa, orange oder rot, Juni bis Juli
- sonniger Standort, warm
- mag durchlässige, humose Böden
- alle milchsafthaltigen Pflanzenteile sind giftig

TÜRKISCHER MOHN

Papaver orientale

Der Türkische Mohn, auch Orientalischer oder Garten-Mohn, ist eine Staude aus der Familie der Mohngewächse. Er ist in Südwestasien heimisch und wächst dort an felsigen Kalkhängen und auf Gebirgswiesen. Aus seiner Pfahlwurzel wachsen eine Blattrosette und im Frühjahr borstig behaarte Stängel. Die Blätter sind fiederteilig und behaart. Die Fruchtstände sind sehr dekorative einfächrige Kapseln.

» **Giftstoffe und ihre Wirkung:** Bei Verzehr von milchsafthaltigen Pflanzenteilen ist mit Bauchschmerzen und Erbrechen zu rechnen. Die Pflanze fällt unter das „Gesetz über den Verkehr mit Betäubungsmitteln“.

GELBE NARZISSE

Narcissus pseudonarcissus

Die Narzisse oder Osterglocke ist ein Zwiebelgewächs aus der Familie der Amaryllisgewächse. Sie ist heimisch, wächst auf Bergwiesen und wird in vielen Sorten in Gärten kultiviert. Jede Zwiebel bringt eine nickende Blüte hervor und linealische, fleischige Blätter. Die Früchte sind Kapseln.

>> **Giftstoffe und ihre Wirkung:** Vergiftungserscheinungen sind Übelkeit, Erbrechen und Durchfälle. Bei starker Vergiftung kommt es zum Schock. Der Pflanzensaft kann Kontaktdermatitis auslösen (Narzissendermatitis). Narzissen sind giftig für Pferde, Schweine, Hunde, Katzen, Kleintiere und Vögel.

ZAHLEN & FAKTEN

- mehrjährig, 15–40 cm hoch
- Blüten trompetenförmig, gelb, in Sorten auch weiß, März bis April
- absonniger bis halbschattiger Standort
- mag frische, humusreiche, tiefgründige, schwach saure Böden
- ganze Pflanze ist giftig, besonders die Zwiebel

BLAUE PASSIONSBLUME

Passiflora caerula

Die Blaue Passionsblume ist eine krautige, ausdauernde, kletternde Pflanze aus der Familie der Passionsblumengewächse. Ihre Heimat sind die Tropen Südamerikas, bei uns ist sie als Kübelpflanze beliebt. Aus den Wurzeln treiben kantige, unbehaarte Stängel mit tief gelappten Blättern, in deren Blattachseln sich Ranken bilden. Nach der Blüte erscheinen eiförmige, gelbe Beeren. Von der verwandten *Passiflora edulis* stammen die Maracujafrüchte.

>> **Giftstoffe und ihre Wirkung:** Bei Verzehr ist mit Erbrechen, Schwindel, Schwäche und Krämpfen zu rechnen. Die Pflanze ist giftig für Kaninchen.

ZAHLEN & FAKTEN

- Kletterpflanze, am Naturstandort 4–6 m hoch
- Blüten groß, strahlig, weiß mit blauen Fäden, April bis Juni
- sonniger bis absonniger Standort
- mag feuchte, durchlässige, humose, nährstoffreiche Erde
- alle Pflanzenteile, mit Ausnahme der Früchte, sind giftig

GEWÖHNLICHE PESTWURZ

Petasites hybridus

Die Gewöhnliche Pestwurz, auch Bach-Pestwurz genannt, ist eine krautige Pflanze aus der Familie der Korbblütler. Sie ist heimisch und häufig an Flussufern, in Auenwäldern und auf nassen Wiesen zu finden oder in größeren Gärten und Parks. Aus dem kriechenden Rhizom treiben erst Blüten, dann Blätter. Die Blätter sind riesig (bis 60 cm), eirund, unterseits behaart. Nach der Blüte erscheinen Fruchtstände mit Achänen.

>> **Giftstoffe und ihre Wirkung:** Bei hochdosierter Einnahme ist mit einer karzinogenen (krebserregenden) Wirkung zu rechnen.

ZAHLEN & FAKTEN

- mehrjährig, 10–40 cm hoch
- Blütenkörbchen, rötlich-weiß, in Trauben stehend, März bis April
- sonniger bis halbschattiger Standort
- mag feuchte bis nasse, nährstoffreiche Böden
- Laub und Wurzeln sind giftig

BAUERN-PFINGSTROSE

Paeonia officinalis

Die Bauern-Pfingstrose, auch Gemeine Pfingstrose genannt, ist eine prächtige Staude aus der Familie der Pfingstrosengewächse. Sie stammt aus südeuropäischen Bergregionen und ist bei uns als Gartenpflanze schon lange in Kultur. Aus den dickfleischigen Wurzeln treiben dunkelgrüne, handförmig geteilte, tief eingeschnittene Blätter. Nach der Blüte erscheinen Balgfrüchte. Pfingstrosen gibt es in vielen Arten und Sorten.

>> **Giftstoffe und ihre Wirkung:** Bei Verzehr treten Erbrechen, Magen- und Darmbeschwerden und Koliken auf. Die Pfingstrose ist möglicherweise giftig für Kleintiere.

ZAHLEN & FAKTEN

- mehrjährig, 50–70 cm hoch
- Blüten nach Sorten rosa, rot, weiß oder gelb, April bis Mai
- sonniger bis halbschattiger Standort
- mag durchlässige, gleichmäßig feuchte, lehmige Böden
- alle Pflanzenteile sind giftig

BECHER-PRIMEL

Primula obconica

Die Becher-Primel oder Gift-Primel ist eine krautige Pflanze aus der Familie der Primelgewächse und stammt ursprünglich aus China. Ende des 19. Jahrhunderts fand sie ihren Weg zu uns und wird seitdem als Zimmerpflanze kultiviert. Sie bildet grundständige Blattrosetten mit dunkelgrünen eiförmig-elliptischen Blättern, die oberseits fein behaart sind. Die Früchte sind einfächrige Kapseln.

>> **Giftstoffe und ihre Wirkung:** Die Drüsenhaare enthalten ein Sekret, das stark entzündlich auf der Haut wirkt. Symptome sind Juckreiz, Schwellungen und Blasenbildung. Die Becher-Primel ist giftig für Vögel.

ZAHLEN & FAKTEN

- mehrjährig, 10–20 cm hoch
- Blüten 5-zählig, weiß, rosa oder blau, in kugeligen Dolden, Januar bis April
- absonniger bis halbschattiger Standort
- mag durchlässige, humose Erde
- alle Pflanzenteile, besonders die Drüsenhaare, sind giftig

RITTERSPORN

Delphinium spec.

Die Rittersporne sind eine Pflanzengattung aus der Familie der Hahnenfußgewächse. Es gibt sie in Hunderten von Arten und Kulturformen. Bei uns ist der Gewöhnliche Feldrittersporn (*Consolida regalis*, syn. *Delphinium consolida*) heimisch, allerdings ist er aufgrund starken Herbizideinsatzes stark zurückgegangen. Rittersporne sind mehrjährig, haben in der Regel 3-teilige Blätter und ausgesprochen attraktive Blüten. Sie sind in Sommerblumenrabatten und Bauerngärten weit verbreitet.

>> **Giftstoffe und ihre Wirkung:** Bei Verzehr der Blätter treten Abfall des Blutdrucks, Atemnot und Herzlähmung auf.

ZAHLEN & FAKTEN

- mehrjährig, 100–200 cm hoch
- Blüten blau, in Rispen stehend, Juni bis August
- sonniger bis absonniger Standort
- mag durchlässige, sandig-lehmige Böden mit hohem Nährstoffgehalt
- alle Pflanzenteile, mit Ausnahme der Blüten, sind giftig

VIELBLÜTIGES SALOMONSSIEGEL

Polygonatum multiflorum

Das Vielblütige Salomonssiegel, auch Vielblütige Weißwurz genannt, ist eine heimische Schattenpflanze aus der Familie der Spargelgewächse. Es ist im Unterholz von Laub- und Mischwäldern heimisch. Aus einem Rhizom wachsen aufrechte Triebe mit langen, lanzettlichen, bogig überhängenden Blättern. Die Pflanze bildet dunkelblaue Beeren. Sie ähnelt dem Echten Salomonssiegel (*Polygonatum odoratum*), das allerdings weit seltener ist.

>> Giftstoffe und ihre Wirkung: Vergiftungserscheinungen sind Übelkeit, Erbrechen und Durchfälle.

ZAHLEN & FAKTEN

- mehrjährig, 80–100 cm hoch
- Blüten röhrig, cremeweiß, an der Spitze grünlich, traubig hängend, Mai bis Juni
- halbschattiger bis schattiger Standort
- mag frische bis feuchte, humose, durchlässige Böden
- alle Pflanzenteile, besonders die Samen, sind giftig

WALD-SAUERKLEE

Oxalis acetosella

ZAHLEN & FAKTEN

- mehrjährig, 8–15 cm hoch
- Blüten weiß, teilweise rosa überlaufen, purpur geadert, April bis Mai
- halbschattiger, besser schattiger Standort
- mag feuchte bis frische, neutrale bis saure Böden mit hohem Nährstoffgehalt
- alle Pflanzenteile sind giftig

Der Wald-Sauerklee ist eine staudige Pflanze aus der Familie der Sauerkleegewächse. Er ist bei uns heimisch, wächst auf Waldböden und wird in Gärten gelegentlich als Bodendecker in schattigen Bereichen gepflanzt. Aus tief wurzelnden Rhizomen wachsen grundständige verkehrt-herzförmige Blätter und weiße Blüten. Die Früchte sind 5-fächrige Kapseln.

>> Giftstoffe und ihre Wirkung: Nach dem Verzehr von Blättern kann es zu Schluckbeschwerden, Erbrechen und Durchfall kommen. Starke Vergiftungen führen zu sinkendem Blutdruck und Kreislaufstörungen. Sauerklee ist giftig für Schafe und kleine Nagetiere.

GEWÖHNLICHE SCHACHBLUME

Fritillaria meleagris

Die Gewöhnliche Schachblume, auch Schachbrettblume oder Kiebitzei genannt, ist eine Zwiebelpflanze aus der Familie der Liliengewächse und in Europa zu Hause. Sie wächst auf Feuchtwiesen und wird wegen ihrer interessanten Blüten häufig in Gärten gepflanzt. Jeder Stängel trägt 4–6 schmal-lineale, graugrüne Blätter und 1–2 hängende Blüten. Die Früchte sind 3-fächrige Kapseln. Die Pflanze ist geschützt.

>> **Giftstoffe und ihre Wirkung:** Vergiftungserscheinungen sind Übelkeit und Erbrechen, Krämpfe und Blutdrucksenkung.

ZAHLEN & FAKTEN

- mehrjährig, 30–40 cm hoch
- Blüten glockenförmig, purpurfarben, schachbrettartig gemustert, manchmal weiß, April bis Mai
- sonniger bis absonniger Standort
- mag nasse, luftarme Lehm- oder Tonböden
- Zwiebel ist giftig

SCHLANGENWURZ

Calla palustris

ZAHLEN & FAKTEN

- mehrjährig, als Zimmerpflanze 30–40 cm hoch
- unscheinbar, weißliche Blüten, in Kolben stehend, mit weißer Spatha, Juni bis Juli
- sonniger bis halbschattiger Standort
- mag nasse, saure Böden
- ganze Pflanze ist giftig

Der Schlangenwurz, auch Sumpf-Calla, Drachenwurz oder Schweinsohr genannt, ist eine Sumpfpflanze aus der Familie der Aronstabgewächse. Er ist auf der gesamten Nordhalbkugel zu Hause und gedeiht in Sümpfen, Mooren sowie in Erlen- oder Birkenbruchwäldern und Gewässern. Aus dem Rhizom treiben ledrige, lanzettliche, gestielte Blätter und später Blüten. Die Früchte sind scharlachrote, klebrige Beeren mit schleimigen Samen.

>> **Giftstoffe und ihre Wirkung:** Bei Verzehr von Blättern oder Beeren kann es zu Durchfällen und Lähmungen kommen. Bei Berührung der Pflanzen treten häufig Hautreizungen auf.

AFRIKANISCHE SCHMUCKLILIE

Agapanthus africanus

Die Afrikanische Schmucklilie oder Afrikalilie stammt aus der Familie der Amaryllisgewächse und zählt zu unseren beliebtesten Kübelpflanzen. Die aus Südafrika stammende rhizombildende Staude hat breit lanzettliche lange, ledrige Blätter, ist blühfreudig und hat auffällige Blüten und lange haltbare dekorative Fruchtstände mit Kapseln.

>> **Giftstoffe und ihre Wirkung:** Bei Verzehr der Wurzeln kommt es zu Schmerzen im Mund, Dermatitis und Augenreizungen. Die Ureinwohner Südafrikas sollen die Wurzeln als Pfeilgift genutzt haben.

ZAHLEN & FAKTEN

- mehrjährig, 40–80 cm hoch
- trichterförmige Blüten, in Dolden stehend, blau oder weiß, Juni bis August
- sonniger Standort
- mag durchlässige, humose, nährstoffreiche Erden
- Wurzeln und Rhizome sind giftig

ZAHLEN & FAKTEN

- mehrjährig, 10–20 cm hoch
- Blüten glockenförmig, weiß, innere Blütenblätter grün gerandet, Januar bis März
- sonniger bis halbschattiger Standort
- mag humusreiche, lockere, kalkhaltige Böden, die im Sommer austrocknen
- ganze Pflanze ist giftig

KLEINES SCHNEEGLÖCKCHEN

Galanthus nivalis

Das Kleine Schneeglöckchen ist ein Zwiebelgewächs aus der Familie der Amaryllisgewächse. Es ist heimisch und besiedelt feuchte Laubmisch- und Auenwälder, aber auch Gärten. In der Natur ist das Schneeglöckchen geschützt! Jede Zwiebel bringt eine nickende Blüte hervor und zwei linealische, fleischige Blätter. Die Früchte sind Kapseln.

>> **Giftstoffe und ihre Wirkung:** Vergiftungserscheinungen sind Übelkeit, Erbrechen, Durchfall, enge Pupillen, Schweißausbrüche und Benommenheit. Schneeglöckchen sind giftig für Hunde, Katzen und Kleintiere.

WEISSE SEEROSE

Nymphaea alba

Die Weiße Seerose ist eine Pflanze aus der Familie der Seerosengewächse. Sie ist heimisch und wächst in stehendem oder leicht fließendem Gewässer. Die Pflanze ist geschützt! Aus den fleischigen Rhizomen, die im Gewässergrund verankert sind, treiben gestielte, große, herz-nierenförmige Blätter. Die Blüten schwimmen auf dem Wasser, die Früchte sind Kapseln. Seerosen gibt es in vielen Arten und Sorten und sie werden als Zierpflanzen in Teiche gepflanzt.

>> **Giftstoffe und ihre Wirkung:** Vergiftungserscheinungen sind Erregungszustände und Atemlähmung. In Tierversuchen wurde erhöhter Blutdruck nachgewiesen.

ZAHLEN & FAKTEN

- mehrjährig, 10–30 cm hoch
- Blüten weiß, groß, in Sorten auch rosa, Mai bis August
- sonniger bis halbschattiger Standort
- nährstoffreiche Gewässer
- ganze Pflanze ist giftig, besonders das Rhizom

GEWÖHNLICHE SEIDENPFLANZE

Asclepias syriaca

Die Gewöhnliche, auch Syrische oder Kanadische, Seidenpflanze ist eine Pflanze aus der Familie der Hundsgiftgewächse. Sie stammt aus Nordamerika und ist in Europa verwildert. Die Seidenpflanze wächst aufrecht, hat einen fein behaarten Stängel und bildet eine Pfahlwurzel. Die Blätter sind elliptisch bis eiförmig und unterseits filzig behaart. Nach der Blüte erscheinen Balgfrüchte.

>> **Giftstoffe und ihre Wirkung:** Der Milchsaft ist für Menschen und Tiere giftig und kann Hautreizungen auslösen.

ZAHLEN & FAKTEN

- mehrjährig, 100–200 cm hoch
- Blüten sternförmig, grünlich-weiß bis hellrosa, in Dolden stehend, duftend, Juni bis August
- sonniger Standort
- mag durchlässige, trockene Böden mit geringem Nährstoffgehalt
- alle Milchsaft enthaltenden Pflanzenteile sind giftig

JULI-SILBERKERZE

Cimicifuga racemosa

Die Juli-Silberkerze, auch Trauben-Silberkerze genannt, ist eine Pflanze aus der Familie der Hahnenfußgewächse und in Nordamerika zu Hause. Aus einem Rhizom wachsen aufrechte, kahle, beblätterte Stängel. Die Blätter sind 2- bis 3-fach gefiedert und meist kahl. Nach der Blüte erscheinen eiförmige Balgfrüchte. Die attraktive Staude ist bei uns in Gärten und Parks zu finden. Der Wurzelstock wird pharmazeutisch genutzt.

>> **Giftstoffe und ihre Wirkung:** Bei Überdosierung ist mit Kopfschmerzen, Steifheit und Zittern zu rechnen. Der Pflanzensaft kann Rötungen und Blasenbildung auf der Haut verursachen.

ZAHLEN & FAKTEN

- mehrjährig, 60–150 cm hoch
- Blüten weiß oder gelblich weiß, in Dolden stehend, August bis September
- absonniger bis halbschattiger Standort
- mag durchlässige, trockene Böden mit normalem Nährstoffgehalt
- Wurzeln sind giftig

SPINNENPFLANZE

Cleome spinosa

Die Spinnenpflanze oder auch Spinnenblume ist eine Pflanze aus der Familie der Kaperngewächse und stammt aus Südamerika. Bei uns ist sie als Zierpflanze bekannt und eine beliebte Pflanze für farbenfrohe Sommerbeete. Spinnenpflanzen wachsen vom Boden aus mehrtriebig und haben leicht bedornte Stängel. Die Blätter sind handförmig und mehrteilig. Die Früchte sind längliche Kapseln. Bei uns wird die Spinnenpflanze in mehreren Sorten angeboten.

>> **Giftstoffe und ihre Wirkung:** Bei Verzehr der Samen ist mit Vergiftungen zu rechnen. Durch Berühren der Pflanze können Hautreizungen auftreten.

ZAHLEN & FAKTEN

- 1-jährig, 80–100 cm hoch
- Blüten weiß, rosa oder violett, in Trauben stehend, duftend, Juli bis Oktober
- sonniger Standort
- mag durchlässige, trockene Böden mit hohem Nährstoffgehalt
- alle Pflanzenteile, besonders die Samen, sind giftig

STACHELMOHN

Argemone mexicana

Der Stachelmohn gehört zur Familie der Mohngewächse und ist in Mittelamerika zu Hause. Bei uns wird er manchmal als Zierpflanze angebaut. Er wächst aufrecht, bildet eine lange Pfahlwurzel und führt in allen Pflanzenteilen einen bitteren Milchsaft. Die Laubblätter sind tief gelappt und haben Stachelspitzen. Die Früchte sind kugelige, stachelige Kapseln.

>> Giftstoffe und ihre Wirkung: Der Stachelmohn zählt zu den alten Heilpflanzen der Azteken. Eingewanderte Chinesen stellten aus dem Milchsaft einen Opiumersatz her, obwohl er keine Opiumalkaloide enthält. Der Milchsaft kann Hautreizungen auslösen.

ZAHLEN & FAKTEN

- 1- bis 2-jährig, 60–90 cm hoch
- Blüten schalenförmig, orange bis blassgelb, Juni bis September
- sonniger Standort
- mag durchlässige, trockene Böden mit geringem Nährstoffgehalt
- alle Pflanzenteile, besonders Milchsaft und Samen, sind giftig

GELBE TEICHROSE

Nuphar lutea

Die Gelbe Teichrose, auch Mummel genannt, ist eine Pflanze aus der Familie der Seerosengewächse. Sie ist heimisch, wächst in stehendem oder leicht fließendem Gewässer und ist geschützt! Aus den fleischigen Rhizomen, die ober und unter der Wasseroberfläche wachsen, treiben gestielte große, herz-nierenförmige Blätter. Die Blüten ragen etwa 50 cm aus dem Wasser hinaus. Die Früchte sind flaschenförmige Kapseln.

>> Giftstoffe und ihre Wirkung: Vergiftungserscheinungen sind Erregungszustände und Atemlähmung. In Tierversuchen wurde erhöhter Blutdruck nachgewiesen. Die gerösteten Samen sind essbar.

ZAHLEN & FAKTEN

- mehrjährig, 10–50 cm hoch
- Blüten kugelig, gelb, Juni bis August
- sonniger bis halbschattiger Standort
- Wasserpflanze
- ganze Pflanze ist giftig, besonders das Rhizom

TRÄNENDES HERZ

Dicentra spectabilis

Das Tränende Herz, auch Flammendes Herz oder Marienherz genannt, ist eine krautige Pflanze aus der Familie der Mohngewächse. Seine Heimat sind die feuchten Berglaubwälder in Korea und China. Bei uns ist es eine beliebte Gartenpflanze. Das Tränende Herz bildet eine Rübe und hat große, 2- bis 3-fach gefiederte Blätter. Nach der Blüte erscheinen Kapselfrüchte. Die Pflanze gibt es in mehreren Kulturformen, auch weißblühend.

>> **Giftstoffe und ihre Wirkung:** Vergiftungserscheinungen sind Übelkeit und Erbrechen mit Durchfällen, bis hin zur Atemnot. Das Berühren der Pflanze kann Kontaktallergien auslösen.

ZAHLEN & FAKTEN

- mehrjährig, 50–90 cm hoch
- Blüten herzförmig, gespornt, hellrosa mit weißer Träne, in Trauben stehend, Mai bis Juni
- absonniger bis halbschattiger Standort
- mag frische bis feuchte, humose Böden
- alle Pflanzenteile, besonders die Wurzeln, sind giftig

EUROPÄISCHE TROLLBLUME

Trollius europaeus

ZAHLEN & FAKTEN

- mehrjährig, 20–60 cm hoch
- Blüten kugelig, gelb, Mai bis Juli
- sonniger bis halbschattiger Standort
- feuchte bis nasse, lehmige Böden mit hohem Nährstoffgehalt
- ganze Pflanze ist giftig, besonders die Wurzeln

Die Europäische Trollblume ist eine ausdauernde Pflanze aus der Familie der Hahnenfußgewächse. Sie ist heimisch und wächst auf Feuchtwiesen, an Bachrändern und an Teichen. Aus den Rhizomen wachsen meist unverzweigte Stängel mit handförmig geteilten Blättern. Nach der Blüte erscheinen Balgfrüchte.

>> **Giftstoffe und ihre Wirkung:** Vergiftungserscheinungen sind Übelkeit, Brennen im Mund, Durchfälle, Schwindel und Abnahme der Herzleistung. Bei Berührung des frischen Krautes können Hautreizungen auftreten.

TULPE

Tulipa spec.

Die Tulpe ist ein Zwiebelgewächs aus der Familie der Liliengewächse. Etwa 150 Arten sind in Europa, Nordafrika und Zentralasien verbreitet. Zahlreiche Hybriden werden in Gärten und Parks oder als Schnittblumen kultiviert. Jede Zwiebel bringt eine Blüte hervor und breit-lineale, fleischige Blätter. Die Früchte sind dreikammerige Kapseln.

>> **Giftstoffe und ihre Wirkung:** Vergiftungserscheinungen sind Übelkeit, Erbrechen und Bauchkrämpfe. Bei starker Vergiftung kann es zum Atemstillstand kommen. Der Pflanzensaft löst Kontaktdermatitis aus. Tulpen sind giftig für Pferde, Hunde, Katzen und Kleintiere.

ZAHLEN & FAKTEN

- mehrjährig, 20–50 cm hoch
- Blüten eiförmig, in Sorten rot, rosa, gelb oder weiß, April bis Mai
- sonniger bis halbschattiger Standort
- mag durchlässige, nährstoffreiche, schwach saure Böden
- ganze Pflanze ist giftig, besonders Zwiebel und Spross

ZAHLEN & FAKTEN

- mehrjährig, 80–150 cm hoch
- Blüten sternförmig, cremeweiß, in Scheindolden stehend, Juni bis Juli
- sonniger bis halbschattiger Standort
- mag trockene, humusreiche, basische, nährstoffreiche Böden
- alle Pflanzenteile sind giftig

AUFRECHTE WALDREBE

Clematis recta

Die Aufrechte Waldrebe ist eine nicht kletternde Staude aus der Familie der Hahnenfußgewächse. Sie ist heimisch, aber selten und wächst entlang von großen Flüssen an Waldrändern und auf Lichtungen. Die sommergrünen Blätter sind unpaarig gefiedert, oberseits dunkelgrün, unterseits heller. Nach der Blüte erscheinen seidig behaarte Fruchtstände mit Nüsschen.

>> **Giftstoffe und ihre Wirkung:** Bei oraler Aufnahme ist mit Durchfall sowie Reizungen der Nieren und des Nervensystems zu rechnen, bei Berührung mit Hautreizungen (nicht bei getrockneten Pflanzen). Die Waldrebe ist giftig für Rinder und Kühe.

GROSSER WASSERFENCHEL

Oenanthe aquatica

Der Große Wasserfenchel, auch Pferdesaat genannt, stammt aus der Familie der Doldenblütengewächse. Er ist heimisch und besiedelt Feuchtbiotope. Wasserfenchel bildet einen runden, hohlen, gerillten Stängel. Die Blätter sind 2- bis 5-fach gefiedert und teilweise (unter Wasser) fein behaart. Nach der Blüte erscheinen Spaltfrüchte.

>> **Giftstoffe und ihre Wirkung:** Vergiftungserscheinungen sind ähnlich wie beim Wasserschierling, wenn auch wesentlich milder. Es kann zu Durchfall und Krämpfen kommen. Auch giftig für Weidevieh.

ZAHLEN & FAKTEN

- 1- bis mehrjährig, 30–120 cm hoch
- Blüten weiß, in Dolden stehend, Juli bis August
- sonniger bis absonniger Standort
- in Gewässern mit mittlerem bis hohem Nährstoffgehalt
- ganze Pflanze ist giftig, besonders das Kraut

DUFT-WICKE

Lathyrus odoratus

Die Duft- oder auch Edel-Wicke stammt aus der Familie der Schmetterlingsblütler. Ihre Heimat ist Süditalien und sie ist genau wie die Breitblättrige Platterbse (*Lathyrus latifolius*) und die Frühlings-Platterbse (*Lathyrus vernus*) eine beliebte Gartenpflanze. Alle Arten sind giftig. Die Edel-Wicke hat zarte Ranken und graugrüne geteilte Blätter. Aus den je nach Sorte verschiedenfarbigen Blüten entwickeln sich erbsenähnliche Schoten.

>> **Giftstoffe und ihre Wirkung:** Bei Verzehr der Früchte kommt es zu Störungen des Nervensystems. Alle Wickenarten sind auch giftig für Weidevieh und Kaninchen.

ZAHLEN & FAKTEN

- 1-jährig, 50–150 cm hoch
- Schmetterlingsblüten, in vielen Farben, duftend, Juni bis September
- sonniger bis absonniger Standort
- mag tiefgründige, nährstoffreiche Böden
- Samen sind giftig

BUSCH-WINDRÖSCHEN

Anemone nemorosa

Das Busch-Windröschen stammt aus der Familie der Hahnenfußgewächse und ist ein typischer Frühlingsblüher unserer Laubwälder. Es ist in ganz Europa verbreitet. Vor dem Laubaustrieb der Bäume erscheinen handförmig gelappte Blätter, attraktive Blüten und später Schließfrüchte.

» **Giftstoffe und ihre Wirkung:** Bei Verzehr von Blättern kann es zu Übelkeit, Durchfall und zu Entzündungen der Nieren und Verdauungsorgane kommen. Die Berührung der Pflanze kann Hautdermatitis auslösen. Die Pflanze ist giftig für Pferde, Hunde, Katzen, Kaninchen, Hamster und Landschildkröten.

ZAHLEN & FAKTEN

- mehrjährig, 15–25 cm hoch
- schalenförmige Blüten, weiß, außen leicht gerötet, März bis Mai
- halbschattiger bis schattiger Standort
- mag frische, humose, leicht alkalische, nährstoffreiche Böden
- alle Pflanzenteile sind giftig

ZAHLEN & FAKTEN

- mehrjährig, 15–20 cm hoch
- schalenförmige Blüten, gelb, März bis Mai
- halbschattiger bis schattiger Standort
- mag frische bis feuchte, humose, leicht alkalische, nährstoffreiche Böden
- alle Pflanzenteile sind giftig

GELBES WINDRÖSCHEN

Anemone ranunculoides

Das Gelbe Windröschen stammt genau wie das Busch-Windröschen aus der der Familie der Hahnenfußgewächse. Es kommt vor allem in feuchteren Wäldern und Auwäldern vor. Es hat gelappte Blätter und leuchtend gelbe Blüten.

» **Giftstoffe und ihre Wirkung:** Bei Verzehr von Blättern kann es zu Übelkeit, Durchfall und zu Entzündungen der Nieren und Verdauungsorgane kommen. Die Berührung der Pflanze kann Hautdermatitis auslösen. Die Pflanze ist giftig für Pferde, Hunde, Katzen und kleinere Haustiere.

WALZEN-WOLFSMILCH

Euphorbia myrsinitis

Die Walzen-Wolfsmilch, auch Myrtenblättrige Wolfsmilch genannt, ist eine sukkulente, immergrüne Pflanze aus der Familie der Wolfsmilchgewächse und stammt aus Südosteuropa. Sie hat etwa 30 cm lange niederliegende Zweige, an denen die derben, graugrünen, eiförmigen Blätter spiralig angeordnet sind. Alle oberirdischen Pflanzenteile sind von einer Wachsschicht überzogen. Die Früchte sind Kapseln.

>> **Giftstoffe und ihre Wirkung:** Vergiftungserscheinungen sind Kopfschmerzen, Benommenheit und Schock. Bei starken Vergiftungen ist mit Nierenreizungen zu rechnen. Der Milchsaft wirkt hautreizend.

ZAHLEN & FAKTEN

- mehrjährig, 15–25 cm hoch
- Blüten unscheinbar, mit gelbgrünen Hochblättern, in kugeligen Köpfchen, Juni bis Juli
- sonniger Standort
- mag durchlässige, steinige Erde
- ganze Pflanze ist giftig, besonders der Milchsaft

ZAHLEN & FAKTEN

- mehrjährig, 80–120 m hoch
- halbschattiger bis schattiger Standort
- mag frische, lockere, humusreiche, leicht saure Böden
- alle Pflanzenteile sind giftig

GEWÖHNLICHER WURMFARN

Dryopteris filix-mas

Der Gewöhnliche Wurmfarn oder Waldfarn ist eine heimische Pflanze aus der Familie der Wurmfarngewächse. Er ist auf der ganzen Nordhalbkugel verbreitet und wächst in Wäldern, Staudenfluren und in Gärten. Er bildet eine Rosette und hat bis 160 cm lange, leicht überhängende Wedel mit hellbraunen Streuschuppen unterseits.

>> **Giftstoffe und ihre Wirkung:** Im Falle einer Vergiftung kommt es zu Übelkeit, Erbrechen, Durchfällen, Ohnmachtsanfällen und Sehstörungen. Bei schweren Vergiftungen erfolgt der Tod durch Atemlähmung.

BÄUME UND STRÄUCHER

KAP-ALOE

Aloe ferox

Die Kap-Aloe ist eine Pflanze aus der Familie der Grasbaumgewächse und stammt aus Südafrika. Direkt am Stamm wachsen rosettig angeordnet dicke, fleischige, bedornte Blätter. Sie werden bis zu 100 cm lang. Nach der Blüte erscheinen Kapselfrüchte.

>> **Giftstoffe und ihre Wirkung:** Bei Verzehr der Blätter kann es zu Vergiftungen kommen. Die Pflanze hat stark abführende Wirkung und der Pflanzensaft kann Kontaktdermatitis auslösen. Die meisten Aloe-Arten sind giftig.

ZAHLEN & FAKTEN

- mehrjährig, 3–5 m hoch (Naturstandort)
- röhrenförmige Blüten, in Trauben stehend, blassrot, Juni bis September
- sonniger Standort
- mag durchlässige, mineralische, nährstoffarme Erden
- ganze Pflanze ist giftig

ZAHLEN & FAKTEN

- Strauch, 2–5 m hoch
- Blüten weiß, in Rispen, August bis September
- sonniger bis halbschattiger Standort
- mag durchlässige, feuchte, humose, nährstoffreiche Böden
- alle Pflanzenteile, besonders Früchte und Rinde, sind giftig

CHINESISCHE ARALIE

Aralia chinensis

Die Chinesische Aralie oder der Chinesische Angelikabaum gehört zur Familie der Araliengewächse und stammt ursprünglich aus China. Bei uns ist sie als Zierstrauch in Parks zu finden. Sie ist sommergrün, wächst mehrtriebig und hat doppelt bis dreifach gefiederte große Blätter und eine attraktive Herbstfarbung. Nach der Blüte bildet sie schwarzblaue kugelige Steinfrüchte.

>> **Giftstoffe und ihre Wirkung:** Vergiftungen sind selten dokumentiert. Bei Verzehr der Beeren kann es zu Reizungen im Magen- und Darmbereich kommen. Die Pflanze ist giftig für Hunde, Katzen, Meerschweinchen und Hamster.

JAPANISCHE ARALIE

Aralia elata

Die Japanische Aralie oder der Japanische Angelikabaum gehört zur Familie der Araliengewächse und stammt ursprünglich aus Korea und Japan. Bei uns ist sie als Zierstrauch in Parks zu finden. Sie ist sommergrün, wächst mehrtriebig und ist mehr oder weniger bestachelt. Sie hat doppelt bis dreifach gefiederte große Blätter und eine attraktive Herbstfärbung. Nach der Blüte bildet sie schwarzblaue kugelige Steinfrüchte.

>> **Giftstoffe und ihre Wirkung:** Bei Verzehr der Beeren kann es zu Reizungen im Magen- und Darmbereich kommen. Berührung kann Hautdermatitis auslösen. Die Pflanze ist giftig für Hunde, Katzen und Kleintiere.

ZAHLEN & FAKTEN

- Strauch, bis 5 m hoch
- Blüten weiß, in Rispen, August bis September
- sonniger bis halbschattiger Standort
- mag durchlässige, feuchte, humose, nährstoffreiche Böden
- alle Pflanzenteile, besonders Früchte und Rinde, sind giftig

JAPANISCHE AUKUBE

Aucuba japonica

Die Japanische Aukube oder Japanische Goldorange ist ein immergrüner Strauch aus der Familie der Garryaceae. Ihr natürliches Verbreitungsgebiet liegt in Japan, Korea und Taiwan. Bei uns ist der Strauch als Kübelpflanze beliebt, in milden Lagen wächst er auch in Gärten und Parks. Aukuben haben große, dunkelgrüne, elliptische und ledrige Blätter. Es gibt auch Kulturformen mit gelb gesprenkelten oder buntblättrig panaschierten Blättern. Nach der Blüte bildet der Strauch rote Beeren.

>> **Giftstoffe und ihre Wirkung:** Der Verzehr der Beeren führt zu Durchfall, Koliken und Entzündungen im Magen-Darm-Kanal.

ZAHLEN & FAKTEN

- Strauch, 2–3 m hoch
- Blüten zweihäusig, rötlich, in Rispen, März bis Mai
- halbschattiger Standort
- mag durchlässige, humose, nährstoffreiche Erde
- alle Pflanzenteile, besonders die Beeren, sind giftig

BETELNUSS

Areca catechu

Die Betelnuss, auch Betelpalme genannt, ist eine Pflanze aus der Familie der Palmengewächse und auf den Philippinen zu Hause. Am Naturstandort wird die einstämmige Palme bis 25 m hoch. Sie hat gefiederte Blätter, zylindrische Blütenrispen und rote bis orange Steinfrüchte. Bei uns ist die Betelnuss als Zierpflanze beliebt.

>> Giftstoffe und ihre Wirkung: Vergiftungen führen zu Brennen in Mund und Rachen, Schwindel, Schweißausbrüchen und Brechreiz. In vielen tropischen Ländern ist das Betelkauen verbreitet. Zutaten sind der Samen der Betelnuss, Betel-Pfeffer (*Piper betle*), gelöschter Kalk und Gewürze.

ZAHLEN & FAKTEN

- Baum, bis 25 m hoch (Naturstandort)
- Blüten weiß, in Rispen, August bis September
- absonniger bis halbschattiger Standort, warm
- mag durchlässige, humose, nährstoffreiche Erde
- Früchte sind giftig

CHINESISCHER BLAUREGEN

Wisteria sinensis

Der Blauregen, auch Glyzine genannt, ist ein kletternder Strauch aus der Familie der Schmetterlingsblütengewächse. Seine Heimat ist China, bei uns ist er Zierpflanze. Blauregen wächst bis 10 m hoch, verholzt stark und blüht mit dem Laubaustrieb überreich. Die Blätter sind unpaarig gefiedert, die Früchte längliche Hülsen.

>> Giftstoffe und ihre Wirkung: Bei oraler Aufnahme ist mit Übelkeit, Erbrechen, Durchfall und erweiterten Pupillen zu rechnen. Blauregen ist giftig für Pferde, Kleintiere und Vögel.

ZAHLEN & FAKTEN

- mehrjährig, Kletterpflanze, 3–8 m hoch
- Schmetterlingsblüten, blau, selten weiß, duftend, in Trauben hängend, Mai
- sonniger Standort, warm
- mag lockere, leicht feuchte, nährstoffhaltige Böden
- Früchte, Samen, Rinde, Holz und Wurzeln sind giftig

KLEINER CHRISTUSDORN

Euphorbia milii

Christusdorne stammen aus der Familie der Wolfsmilchgewächse. Ihre Heimat ist Madagaskar, dort besiedeln sie offene Hochland- und Küstenregionen. Es handelt sich um sukkulente, dornige und belaubte Sträucher mit hellgrünen, eilanzettlichen Blättern, die in Quirlen stehen. Wegen ihrer Genügsamkeit und auffälligen Blüten (Hochblätter) sind Christusdorne bei uns beliebte Topfpflanzen. Die Früchte sind Kapseln.

>> **Giftstoffe und ihre Wirkung:** Vergiftungserscheinungen sind Kopfschmerzen, Benommenheit und Schock. Bei starken Vergiftungen ist mit Nierenreizungen zu rechnen. Der Milchsaft wirkt hautreizend.

ZAHLEN & FAKTEN

- Strauch, als Zimmerpflanze 80–100 cm hoch
- Blüten unscheinbar, mit roten oder weißen Hochblättern, in Doldenrispen, November bis April
- absonniger bis halbschattiger Standort, warm
- mag durchlässige, sandige Erde
- ganze Pflanze ist giftig, besonders der Milchsaft

GEWÖHNLICHER EFEU

Hedera helix

Der Gewöhnliche oder Gemeine Efeu ist eine Kletterpflanze aus der Familie der Araliengewächse. Er ist heimisch und kommt in Buchen- und Eichenmischwäldern, an Felsen, Mauern und im Gebüsch vor. Mit seinen Haftwurzeln klettert er bis 20 m hoch. Die gelappten, ledrigen Blätter sind dunkelgrün und haben hellere Blattadern. Die Früchte sind schwarzblaue kugelige Beeren.

>> **Giftstoffe und ihre Wirkung:** Bei Verzehr ist mit Brennen in Mund und Rachen, Durchfällen, Krämpfen und bei Aufnahme großer Mengen mit Atemstillstand zu rechnen. Efeu hat hautreizende und allergieauslösende Wirkung.

ZAHLEN & FAKTEN

- Klettergehölz, 2–4 (6) m hoch
- Blüten unscheinbar, gelblich grün, in Dolden, September bis Oktober
- halbschattiger bis schattiger Standort
- mag frische bis feuchte, tiefgründige, alkalische Böden
- Laub und Früchte sind giftig

FAULBAUM

Frangula alnus

Der Faulbaum oder Gewöhnliche Faulbaum ist auch unter dem Namen Pulverholz bekannt und gehört zur Familie der Kreuzdorngewächse. Der sommergrüne Strauch ist eine Pflanze der Erlenbrüche, Birkenmoore und Auwälder. Er hat eiförmige bis elliptische Blätter und unscheinbare Blüten. Die Früchte sind schwarzrote kugelige Steinfrüchte.

>> **Giftstoffe und ihre Wirkung:** Der Genuss von Beeren kann zu starken Durchfällen führen. Faulbaumrinde ist ein traditionelles, mildes Abführmittel, darf aber nicht andauernd verwendet werden. Faulbaum ist auch für Pferde, Rinder und Kühe giftig.

ZAHLEN & FAKTEN

- Strauch, 2–4 (6)m hoch
- Blüten unscheinbar, grünlich, in Trugdolden, Mai bis Juli
- sonniger bis halbschattiger Standort
- mag frische bis nasse, tiefgründige, schwach saure Böden
- Laub, Rinde und Früchte sind giftig

FENSTERBLATT

Monstera deliciosa

Das Fensterblatt ist eine Pflanzenart aus der Familie der Aronstabgewächse und in den Tropen Mittelamerikas zu Hause. Dort wächst es lianenartig an Baumstämmen. Bei uns ist das Fensterblatt eine trendige Zimmerpflanze. Es hat glänzend dunkelgrüne, ledrige, schildförmige Blätter, die tief gebuchtet sind. Nach der Blüte erscheinen Fruchtstände mit Beeren.

>> **Giftstoffe und ihre Wirkung:** Bei Verzehr kommt es zu Übelkeit und Erbrechen, aber auch zu Reizungen der Schleimhäute. Der Pflanzensaft kann hautreizend wirken. Das Fensterblatt ist giftig für Hunde, Katzen und Kleintiere sowie Vögel.

ZAHLEN & FAKTEN

- Kletterpflanze, als Zimmerpflanze 1–3 m hoch
- unscheinbar, weißliche Blüten, in Kolben stehend, mit weißer Spatha, April bis August
- absonniger bis halbschattiger Standort, warm
- mag durchlässige, humose, nährstoffreiche Erde
- alle Pflanzenteile sind giftig

MOOR-GAGELSTRAUCH

Myrica gale

Der Moor-Gagelstrauch ist eine Pflanze aus der Familie der Gagelstrauchgewächse und ist in Europa und Nordamerika zu Hause. Er ist ein sommergrüner Strauch und wächst an Rändern von Mooren und feuchten Heiden. Die Blätter sind verkehrt lanzettlich, ledrig, dunkelgrün, unterseits heller und weich behaart. Nach der Blüte erscheinen kugelige Steinfrüchte.

>> **Giftstoffe und ihre Wirkung:** Das giftige ätherische Öl war früher Bestandteil von Kräuterlikören und wurde zum Brauen von Bier verwendet. Überdosierung oder Verzehr von Blättern führt zu Kopfschmerzen und Schwindel.

ZAHLEN & FAKTEN

- Strauch, 50–150 cm hoch
- zweihäusig, gelbbraune Kätzchen, April bis Mai
- sonniger bis halbschattiger Standort
- mag frische bis nasse, saure, moorige Böden
- alle Pflanzenteile sind giftig

ZAHLEN & FAKTEN

- Baum, 12–25 m hoch
- Blüten unscheinbar, grünlich, in Trugdolden, duftend, Mai bis Juli
- sonniger Standort, geschützt
- mag frische bis feuchte, durchlässige Böden
- Laub ist giftig

DREIDORNEN-GLEDITSCHIE

Gleditsia triacanthos

Die Gleditschie, auch Lederhülsenbaum genannt, stammt aus der Familie der Hülsenfrüchtler und ist in Nordamerika zu Hause. Bei uns wächst sie als Alleebaum und in Parks. Der Baum hat eine attraktive Borke und trägt lange Dornen. Die Blätter sind doppelt gefiedert und erscheinen spät. Die Blüten sind Insektenmagnet, die Früchte ledrige, 20–40 cm lange Hülsen.

>> **Giftstoffe und ihre Wirkung:** Die Blätter gelten als giftig. Bei versehentlichem Verzehr ist mit Krämpfen sowie Atem- und Kreislaufstörungen zu rechnen.

GÖTTERBAUM

Ailanthus altissima

Der Götterbaum aus der Familie der Bittereschengewächse stammt ursprünglich aus China und wird seit Mitte des 18. Jahrhunderts in Europa und Amerika in Parks gepflanzt. Mittlerweile gilt er als invasive Art und breitet sich stark aus. Der Baum wird bis 100 Jahre alt, hat lange gefiederte Blätter und trägt nach der Blüte attraktive Früchte.

>> **Giftstoffe und ihre Wirkung:** Bei Verzehr ist mit Übelkeit, kalten Schweißausbrüchen, starken Kopfschmerzen, Taubheit und Kribbeln in den Gliedmaßen zu rechnen. Der Pflanzensaft wirkt hautreizend.

ZAHLEN & FAKTEN

- Baum, 20–25 m hoch
- Blüten zweihäusig, klein, grünlich, in Rispen, Juni bis August
- sonniger bis absonniger Standort
- mag durchlässige, humose, nährstoffreiche Erden
- Samen und Rinde sind giftig

ZAHLEN & FAKTEN

- Strauch, 1–3 m hoch, am Naturstandort bis 5 m
- Blüten glockenförmig, orange, Juni bis September
- sonniger Standort, warm
- mag durchlässige Erde mit hohem mineralischem Anteil
- alle Pflanzenteile, außer das Fruchtmark, sind giftig

GRANATAPFEL

Punica granatum

Der Granatapfel stammt aus der Familie der Weiderichgewächse und ist seit Jahrtausenden eine beliebte Zier- und Nutzpflanze, bei uns Kübelpflanze. Seine Heimat ist vermutlich Südosteuropa oder Vorderasien. Er hat elliptische bis lanzettliche Blätter, mit bronzefarbenem Austrieb und einer gelben Herbstfärbung. Die gelbbraunen bis roten Granatäpfel haben ledrige Schalen und zahlreiche Kerne.

>> **Giftstoffe und ihre Wirkung:** Früher galt die Rinde als Wurmmittel. Bei Überdosierung ist mit Magen-Darm-Störungen, Sehschwäche, Schwindel, Schweißausbrüchen, Muskelsteifigkeit und Krämpfen zu rechnen.

ROTE HECKENKIRSCHE

Lonicera xylosteum

Die Rote oder auch Gemeine Heckenkirsche ist ein sommergrüner, heimischer Strauch aus der Familie der Geißblattgewächse. Sie wächst in Laubmischwäldern, in Hecken und an Zäunen. Die Rote Heckenkirsche hat hohle Zweige und elliptische, weich beharrte Blätter. Nach der Blüte erscheinen karminrote Beerenfrüchte, die genau wie die Blüten paarweise in den Blattachseln stehen.

>> **Giftstoffe und ihre Wirkung:** Bei Verzehr der Beeren kommt es zu Übelkeit und Erbrechen mit Bauchschmerzen. Es folgen Krämpfe, Fieber, blutige Durchfälle und zum Schluss Atemlähmung. Giftig für Pferde, Hunde, Katzen und Kleintiere.

ZAHLEN & FAKTEN

- Strauch, 1–2 m hoch
- Blüten gelblich weiß, manchmal rötlich überlaufen, zu zweit stehend, Mai bis Juni
- sonniger bis schattiger Standort
- mag durchlässige, kalkhaltige, nährstoffreiche Böden
- Früchte sind giftig

ZAHLEN & FAKTEN

- Halbstrauch, 10–15 cm hoch
- Blüten 5-zählig, hellblau, März bis Juni
- sonniger bis schattiger Standort
- mag humus- und nährstoffreiche Böden
- alle Pflanzenteile sind giftig

KLEINES IMMERGRÜN

Vinca minor

Das Kleine Immergrün ist ein immergrüner, kriechender Halbstrauch aus der Familie der Hundsgiftgewächse. Er ist genau wie sein etwas größerer Bruder, das Große Immergrün (*Vinca major*), heimisch und kommt in lichten Laubwäldern und Gebüschen vor. In Gärten und Parks ist er ein weit verbreiteter Bodendecker. Die Blätter sind oval und ledrig. Nach der Blüte erscheinen Balgfrüchte.

>> **Giftstoffe und ihre Wirkung:** Vergiftungserscheinungen sind Blutdrucksenkung, Herz- und Kreislauf- sowie Atembeschwerden. Weitere Symptome sind Rötung der Haut sowie Magenbeschwerden. Immergrün ist giftig für Vögel.

JELÄNGERJELIEBER

Lonicera caprifolium

Jelängerjelieber oder auch Garten-Geißblatt ist eine heimische Kletterpflanze aus der Familie der Geißblattgewächse. Sie wächst in Laubwäldern und schlingt sich an Bäumen und Sträuchern empor. Die sommergrüne Rankpflanze hat elliptische bis breiteiförmige Blätter, oberseits dunkelgrün und unterseits bläulich. Nach der Blüte erscheinen karminrote Beerenfrüchte.

>> **Giftstoffe und ihre Wirkung:** Bei Verzehr der Beeren kommt es zu Übelkeit und Erbrechen mit Bauchschmerzen. Es folgen Krämpfe, Fieber, blutige Durchfälle und zum Schluss Atemlähmung. Giftig für Pferde, Hunde, Katzen und Kleintiere.

ZAHLEN & FAKTEN

- mehrjährig, Kletterpflanze, 3–6 m hoch
- Blüten langröhrig, in Quirlen stehend, gelblich weiß, rosa überlaufen, Mai bis Juli
- sonniger bis halbschattiger Standort
- mag frische bis feuchte, humose, nährstoffreiche Böden
- Früchte sind giftig

ZAHLEN & FAKTEN

- Strauch, 20–40 cm hoch
- Blüten glockig, cremeweiß, in Sorten auch rosa, in Rispen, März bis Mai
- halbschattiger Standort
- mag frische bis feuchte, saure, humusreiche Böden
- alle Pflanzenteile sind giftig

JAPANISCHE LAVENDELHEIDE

Pieris japonica

Die Japanische Lavendelheide, auch Schattenglöckchen, ist ein kleiner immergrüner Strauch aus der Familie der Heidekrautgewächse. Er hat lanzettliche Blätter, die quirlartig an den Triebenden angeordnet sind. Nach der Blüte erscheinen kleine Kapselfrüchte. Eine weitere Art ist die Vielblütige Lavendelheide (*Pieris floribunda*).

>> **Giftstoffe und ihre Wirkung:** Vergiftungserscheinungen sind Übelkeit und Erbrechen, Krämpfe und Atemnot. Das Berühren der Pflanze kann Jucken und Brennen auf der Haut auslösen.

GEWÖHNLICHER LIGUSTER

Ligustrum vulgare

Der Gewöhnliche Liguster, auch Rainweide genannt, gehört zur Familie der Ölbaumgewächse. Er ist bei uns heimisch und, wie der Wintergrüne Liguster (*Ligustrum ovalifolium*), eine beliebte Heckenpflanze. Der Strauch hat ledrige, dunkelgrüne, lanzettliche bis elliptische Blätter. Nach der Blüte erscheinen kugelige, glänzend schwarze Beeren.

>> **Giftstoffe und ihre Wirkung:** Bei Verzehr kann es zu Übelkeit und Erbrechen mit Durchfall, Kreislauflähmung und Schock kommen. Vorsicht, auch Hautreizungen und Pollenallergien sind möglich.

ZAHLEN & FAKTEN

- Strauch, 150–450 cm hoch
- Blüten weiß, in Rispen stehend, duftend, April bis Juni
- sonniger bis halbschattiger Standort
- mag warme, kalkhaltige Böden
- Blätter, Rinde und Früchte sind giftig

ZAHLEN & FAKTEN

- Strauch, als Zimmerpflanze 80–200 cm hoch
- Blüten trichterförmig, mit 5 Kronblättern, weiß, im Zimmer selten blühend
- sonniger Standort, warm
- mag durchlässige, nährstoff- und kalkhaltige Erde
- alle Pflanzenteile sind giftig

MADAGASKARPALME

Pachypodium lamerei

Die Madagaskarpalme, auch Dickfuß genannt, ist eine laubabwerfende sukkulente Pflanze aus der Familie der Hundsgiftgewächse. Sie ist auf Madagaskar heimisch und wird bei uns als Zimmerpflanze kultiviert. Sie hat einen verdickten, bedornten Stamm und an den Spitzen Blätter. Diese sind linealisch, bis 25 cm lang, dunkelgrün, ledrig und in Rosetten angeordnet. Die Pflanze fruchtet selten.

>> **Giftstoffe und ihre Wirkung:** Im Fall einer Vergiftung muss mit Erbrechen, Durchfall, Blasen- und Nierenreizung, Fieber und in extremen Fällen mit Atemlähmung gerechnet werden. Die Pflanze ist giftig für Vögel.

GEWÖHNLICHE MAHONIE

Mahonia aquifolium

Die Gewöhnliche Mahonie, auch Fiederberberitze genannt, ist ein immergrüner, langsam wachsender Kleinstrauch aus der Familie der Sauerdorngewächse. Sie ist in Nordamerika zu Hause, wo sie als Unterholz wächst. Bei uns ist die Mahonie in Gärten und Parks verbreitet. Sie hat ledrig glänzende, dunkelgrüne, unpaarig gefiederte Blätter, die am Rand dornig gezähnt sind. Der Austrieb ist kupferrot gefärbt. Die Früchte sind schwarze, blau bereifte, elliptische Beeren.

>> **Giftstoffe und ihre Wirkung:** Vergiftungserscheinungen sind Übelkeit, Erbrechen, Durchfall und Nierenreizung. Die Beeren sind kaum giftig.

ZAHLEN & FAKTEN

- Strauch, 1–1,5 m hoch
- Blüten glockenförmig, goldgelb in Trauben, April bis Mai
- halbschattiger bis schattiger Standort
- mag normale Gartenböden
- alle Pflanzenteile sind giftig

GEWÖHNLICHES MEERTRÄUBEL

Ephedra distachya

Das Gewöhnliche Meerträubel ist eine Pflanzenart aus der Familie der Meerträubelgewächse und am Mittelmeer zu Hause. Dort besiedelt der schachtelhalmähnliche Strauch trockene Standorte. Er hat rutenartige Zweige, ist völlig blattlos und blüht unscheinbar. Früchte sind rote Zapfenbeeren.

>> **Giftstoffe und ihre Wirkung:** Das Meerträubel enthält Alkaloide und wird arzneilich genutzt. Die Präparate haben stimulierende Wirkung und unterliegen der Verschreibungspflicht. Sehr starke Dosen lösen Schweißausbrüche aus.

ZAHLEN & FAKTEN

- Strauch, 30–40 cm hoch
- Blüten zweihäusig, unscheinbar, gelb, April bis Mai
- sonniger bis absonniger Standort
- mag durchlässige, trockene Böden
- alle Pflanzenteile sind giftig

SUMPF-PORST

Ledum palustre

Der Sumpf-Porst, auch Wanzenkraut genannt, stammt aus der Familie der Heidegewächse und ist bei uns heimisch. Er wächst in Hochmooren und ist, wie viele Arten der Moorlandschaften, heute selten und geschützt. Der immergrüne Strauch hat olivgrüne, derbe Blätter, die unterseits filzig behaart sind. Nach der Blüte erscheinen unscheinbare Kapseln.

>> **Giftstoffe und ihre Wirkung:** Bei Verzehr von Blättern oder Sprossen kann es zu Erbrechen, Durchfällen, Schweißausbrüchen, rauschartigen Zuständen, Krämpfen und Lähmungen kommen. Sumpf-Porst ist giftig für Pferde. Er ist auch eine alte Heilpflanze.

ZAHLEN & FAKTEN

- Strauch, 50–150 cm hoch
- Blüten weiß, in Doldentrauben stehend, duftend, Mai bis Juni
- sonniger bis halbschattiger Standort
- mag nasse, saure, moorige Böden
- Blätter und junge Sprosse sind giftig

ZAHLEN & FAKTEN

- Halbstrauch, 40–60 cm hoch
- Blüten gelb, in Trugdolden, Juni bis September
- sonniger Standort, warm
- mag trockene, durchlässige, magere, gern kalkhaltige Böden
- alle Pflanzenteile sind giftig (fototoxisch)

WEIN-RAUTE

Ruta graveolens

Die Wein-Raute ist ein Halbstrauch aus der Familie der Rautengewächse und in Südeuropa heimisch. Bei uns wurde sie zuerst in den Klostergärten des Mittelalters angebaut und ist heute Gewürzpflanze in Gärten. Aus den verholzten Pflanzenteilen treiben krautige Austriebe mit 2- bis 3-fach gefiederten, spatelförmigen, graugrünen, aromatischen Blättern. Nach der Blüte erscheinen dekorative Fruchtkapseln.

>> **Giftstoffe und ihre Wirkung:** Der frische Blättersaft reizt die Magenschleimhaut. Überdosierung führt zu Anschwellen der Zunge, Speichelfluss und Durchfall. Vorsicht, die Pflanze wirkt fototoxisch.

JAPANISCHER SAGOPALMFARN

Cycas revoluta

Der Japanische Sagopalmfarn oder auch Japanischer Palmfarn stammt aus der Familie der Sagopalmfarne und ist in Südostasien zu Hause. Bei uns sind sie Topf- oder Kübelpflanzen. Sie bilden einen Stamm, aus dem alle 2–3 Jahre ein neuer Blattkranz treibt. Die Blätter sind einfach gefiedert, ledrig und werden 1–2 m lang. Blüten und rote oder orange Früchte entwickeln sich nur bei älteren Individuen der Pflanze.

>> **Giftstoffe und ihre Wirkung:** Bei Verzehr ist mit Erbrechen und blutigen Durchfällen zu rechnen.

ZAHLEN & FAKTEN

- Baum, bis 2 m hoch, am Naturstandort 3 m
- zweihäusig, männliche Blüten: zapfenförmig, weibliche Blüten: gelblicher Schopf, Mai bis Juni
- absonniger bis halbschattiger Standort, warm
- mag durchlässige, sandige, wenig nährstoffreiche Erde
- Samen und Wurzeln sind giftig

LAWSONS SCHEINZYPRESSE

Chamaecyparis lawsoniana

Lawsons Scheinzypresse, auch Oregonzeder genannt, stammt aus der Familie der Zypressengewächse. Ihre Heimat ist der Westen der USA. Sie wächst ein- oder mehrstämmig und hat schuppenartige, immergrüne Blätter. Die Früchte sind Zapfen. Im Handel gibt es zahlreiche Kulturformen.

>> **Giftstoffe und ihre Wirkung:** Bei Verzehr kommt es zu Übelkeit, Blutungen, Krämpfen, erhöhtem Blutdruck, Durchfall, erhöhtem Puls und zuletzt zu Lähmungen des Zentralnervensystems. Die Pollen können Allergien auslösen.

ZAHLEN & FAKTEN

- Baum, 10–20 m hoch
- Blüten einhäusig, klein, rötlich, an den Zweigspitzen, März bis Mai
- sonniger bis halbschattiger Standort
- mag mittelgründige, nährstoffreiche Böden
- alle Pflanzenteile sind giftig

SCHLEHE

Prunus spinosa

Die Schlehe, auch Schlehdorn oder Schwarzdorn genannt, ist eine heimische Pionierpflanze aus der Familie der Rosengewächse. Der sommergrüne Strauch oder kleine Baum wurzelt flach und bildet Ausläufer. Die Zweige sind mit zahlreichen, bedornten Kurztrieben besetzt. Die Blätter sind verkehrt-eiförmig, die Früchte schwarze, bläulich bereifte, kugelige Steinfrüchte.

>> **Giftstoffe und ihre Wirkung:** Die Steinfrüchte sind essbar, die Steinkerne sind giftig. Vergiftungserscheinungen sind Erregung, Rötung des Gesichts, verstärkte Atmung, Kratzen in Mund und Rachen und Kopfschmerzen.

ZAHLEN & FAKTEN

- Strauch oder Baum, 2–4 (6) m hoch
- Blüten 5-zählig, weiß, duftend, erscheinen vor dem Laub, April bis Mai
- sonniger Standort, warm
- mag kalkhaltige, nährstoffreiche Lehmböden
- Samen ist giftig

ZAHLEN & FAKTEN

- Strauch, 3–4 m hoch
- Blüten weiß, in Trugdolden, Mai bis Juni
- sonniger bis halbschattiger Standort
- der Gewöhnliche Schneeball mag feuchte Böden, der Wollige trockene, warme
- Laub und Rinde sind giftig

SCHNEEBALL

Viburnum spec.

Der Schneeball ist ein Strauch aus der Familie der Moschuskrautgewächse. Bei uns gibt es zwei wildwachsende Arten, der Gewöhnliche Schneeball (*Viburnum opulus*) und der Wollige (*Viburnum lanata*), die sich durch ihr Laub unterscheiden. Der Gewöhnliche hat gelappte, der Wollige einfache, ledrige, unterseits filzig behaarte Blätter. Die Steinfrüchte sind rot bzw. schwarz.

>> **Giftstoffe und ihre Wirkung:** Vergiftungserscheinungen sind Übelkeit, Erbrechen und Entzündungen der Verdauungsorgane mit blutigem Urin. Bei starken Vergiftungen folgen Atemnot und Herzrhythmusstörungen. Auch giftig für Pferde.

GEWÖHNLICHE SCHNEEBEERE

Symphoricarpos albus

Die Gewöhnliche Schneebeere, auch Knallerbsenstrauch genannt, ist ein Strauch aus der Familie der Geißblattgewächse. Er stammt aus Nordamerika. Der sommergrüne Strauch hat mattgrüne, rundlich bis elliptische Blätter, die unterseits heller sind. Nach der Blüte erscheinen kugelige oder eiförmige, weiße oder rosa überlaufene beerenartige Steinfrüchte (Schneebeeren).

>> **Giftstoffe und ihre Wirkung:** Bei Verzehr der Früchte kann es zu Übelkeit und Durchfall kommen. Der Saft wirkt auch hautreizend.

ZAHLEN & FAKTEN

- Strauch, 100–200 cm hoch
- Blüten glockenförmig, zartrosa, in Ähren stehend, Juni bis September
- sonniger bis halbschattiger Standort
- mag feuchte, fruchtbare Böden, gedeiht aber fast überall
- Früchte sind giftig

STRAUCHIGE SONNENWENDE

Heliotropium arborescens

Die Strauchige Sonnenwende, auch Vanilleblume oder Heliotrop genannt, stammt aus der Familie der Raublattgewächse und ist in den peruanischen Anden zu Hause. Bei uns ist sie Kübelpflanze. Sie hat ovale, runzelige Blätter, die ein dichtes Blattwerk bilden. Die Blüten verströmen einen intensiven Vanilleduft, der abends am intensivsten ist. Die Früchte sind einsamige Nüsschen.

>> **Giftstoffe und ihre Wirkung:** Bei schweren Vergiftungen ist mit erhöhter Herzfrequenz, Pupillenerweiterung und Lähmungen des Atemzentrums zu rechnen.

ZAHLEN & FAKTEN

- immergrüner Strauch, als Topfpflanze 30–60 cm hoch
- Blüten violett bis violettblau, in Trugdolden stehend, duftend, Mai bis September
- sonniger bis absonniger Standort
- mag durchlässige, humose, nährstoffreiche Erde
- ganze Pflanze ist giftig

SPÄTE TRAUBENKIRSCHE

Prunus serotina

Die Späte Traubenkirsche, auch Amerikanische Traubenkirsche genannt, ist ein Strauch oder kleiner Baum aus der Familie der Rosengewächse. Ihre Heimat ist Nordamerika, bei uns zählt sie zu den Neophyten. Die Blätter sind länglich eiförmig, ledrig und glänzend dunkelgrün, im Herbst gelb bis orange. Die Früchte sind rundliche Steinfrüchte.

>> **Giftstoffe und ihre Wirkung:** Die Steinfrüchte sind essbar, die Steinkerne sind giftig. Vergiftungserscheinungen sind Erregung, Rötung des Gesichts, verstärkte Atmung, Kratzen in Mund und Rachen und Kopfschmerzen. Die Pflanze ist auch giftig für Tiere.

ZAHLEN & FAKTEN

- Strauch oder Baum, 10–20 m hoch
- Blüten 5-zählig, weiß, klein, duftend, in traubigen Blütenständen, Mai bis Juni
- sonniger bis halbschattiger Standort
- mag feuchte, saure bis schwach basische Sand- oder Lehmböden
- alle Pflanzenteile, besonders Samen und Rinde, sind giftig

ALPEN-WALDREBE

Clematis alpina

ZAHLEN & FAKTEN

- mehrjährig, mit Rankhilfe 2–3 m hoch
- glockenförmige Blüten, blau, in Sorten rot, rosa oder weiß, Mai bis Juli
- absonniger bis halbschattiger Standort
- mag frische bis feuchte, humusreiche, kalkhaltige Böden
- alle Pflanzenteile sind giftig

Die Alpen-Waldrebe, auch Alpenrebe genannt, ist eine kletternde, verholzende Pflanze aus der Familie der Hahnenfußgewächse. Sie ist heimisch und wächst an Waldrändern, im Gebüsch oder auch auf Felsen. Die sommergrünen Blätter sind dreifach gelappt, oberseits dunkelgrün, unterseits heller und behaart. Nach der Blüte erscheinen seidig behaarte Fruchtstände mit Nüsschen.

>> **Giftstoffe und ihre Wirkung:** Bei oraler Aufnahme ist mit Durchfall, Krämpfen und Lähmungen zu rechnen, bei Berührung mit Hautreizungen (nicht bei getrockneten Pflanzen). Die Alpen-Waldrebe ist giftig für Rinder und Kühe.

GEWÖHNLICHE WALDREBE

Clematis vitalba

Die Gewöhnliche Waldrebe, auch Echte oder Gemeine Waldrebe genannt, ist eine kletternde, verholzende heimische Pflanze aus der Familie der Hahnenfußgewächse. Die sommergrünen Blätter sind unpaarig gefiedert. Nach der Blüte erscheinen wollig behaarte Fruchtstände mit Nüsschen.

>> **Giftstoffe und ihre Wirkung:** Bei oraler Aufnahme ist mit Entzündungen im Rachenraum, Durchfällen, Krämpfen und Lähmungen zu rechnen, bei Berührung mit Hautreizungen (nicht bei getrockneten Pflanzen). Die Waldrebe ist giftig für Rinder und Kühe.

ZAHLEN & FAKTEN

- mehrjährig, Kletterpflanze, 3–8 m hoch
- weiße Blüten, in Rispen stehend, Juli bis September
- absonniger bis halbschattiger Standort
- mag lockere, kalkhaltige Böden
- alle Pflanzenteile sind giftig

WANDELRÖSCHEN

Lantana camara

ZAHLEN & FAKTEN

- Strauch, als Topfpflanze 30–100 cm hoch oder Hochstamm
- Blüten röhrenförmig, in Köpfchen stehend, orange, gelb oder rot, Juni bis September
- sonniger Standort, warm
- mag durchlässige, humose, nährstoffreiche Erde
- alle Pflanzenteile, besonders die Früchte, sind giftig

Das Wandelröschen ist ein Strauch aus der Familie der Eisenkrautgewächse, stammt aus Zentralamerika und ist in allen warmen Gebieten der Welt Neophyt. Bei uns ist es Zierpflanze für Balkon und Terrasse und wird als Hochstamm angeboten. Es hat ovale, runzelige, rau behaarte Blätter. Die Früchte sind schwarze Beeren.

>> **Giftstoffe und ihre Wirkung:** Nach Verzehr der Beeren ist mit Übelkeit, Erbrechen, Durchfall, Pupillenerweiterung, Verfärbungen der Haut und unkontrollierten Muskelreaktionen zu rechnen. Die Pflanze ist giftig für Rinder, Schafe, Hunde, Katzen und Kleintiere.

WEIHNACHTSSTERN

Euphorbia pulcherrima

Der Weihnachtsstern, auch Christstern oder Poinsettie genannt, ist ein immergrüner Strauch aus der Familie der Wolfsmilchgewächse. Seine Heimat ist die Pazifikküste Mittelamerikas und er wird wegen seiner auffälligen Hochblätter als einjährige Zierpflanze angebaut. Die Laubblätter sind gelappt, elliptisch bis verkehrt eiförmig und behaart. Nach der Blüte erscheinen Kapselfrüchte.

>> **Giftstoffe und ihre Wirkung:** Bei Verzehr treten Vergiftungserscheinungen wie Erbrechen, Durchfall sowie Zittern und Benommenheit auf. Achtung, der Milchsaft kann hautreizend wirken und die Pollen lösen Allergien aus.

ZAHLEN & FAKTEN

- Strauch, als Zimmerpflanze 30–60 cm hoch, am Naturstandort 3–4 m
- Blüten unscheinbar, mit roten, rosa oder cremeweißen Hochblättern, Dezember bis Januar
- absonniger bis halbschattiger Standort, warm
- mag durchlässige, humose, nährstoffreiche Erde
- ganze Pflanze ist giftig, besonders der Milchsaft

ZAHLEN & FAKTEN

- Strauch, als Zimmerpflanze 60–100 cm hoch
- Blüten unscheinbar, mit orangefarbenen Hochblättern, Dezember bis Januar
- absonniger bis halbschattiger Standort, warm
- mag durchlässige, humose, nährstoffreiche Erde
- ganze Pflanze ist giftig, besonders der Milchsaft

LEUCHTENDE WOLFSMILCH

Euphorbia fulgens

Die Leuchtende Wolfsmilch, auch Korallenröschen genannt, ist ein immergrüner, rankender Strauch aus der Familie der Wolfsmilchgewächse. Ihre Heimat ist Mexiko, bei uns wird sie als Zierpflanze und als Schnittblume angebaut. Die Leuchtende Wolfsmilch hat lanzettliche Blätter und nach der Blüte Kapselfrüchte.

>> **Giftstoffe und ihre Wirkung:** Bei Verzehr sind Erbrechen, Durchfall, Zittern und Benommenheit möglich. Achtung, der Milchsaft kann hautreizend wirken und die Pollen lösen Allergien aus.

JAPANISCHER YSANDER

Pachysandra terminalis

Der Japanische Ysander, auch Dickanthere oder Schattengrün genannt, ist ein immergrüner, teils kriechender Strauch aus der Familie der Buchsbaumgewächse und stammt aus den feuchten Wäldern Japans und Chinas. Bei uns wird er in Gärten und Parks gepflanzt und ist ein wunderbarer Bodendecker für schattige Plätze. Aus einem Rhizom treiben derb ledrige, lanzettliche Blätter. Die Früchte sind eiförmige Kapseln.

>> **Giftstoffe und ihre Wirkung:** Nach dem Verzehr ist mit Übelkeit, Erbrechen, Schwindel, Durchfall und Krämpfen zu rechnen. Der Kontakt mit der Pflanze kann Hautreizungen auslösen.

ZAHLEN & FAKTEN

- immergrüner Halbstrauch, 15–30 cm hoch
- Blüten weiß, in aufrechten Ähren, April bis Mai
- halbschattiger bis schattiger Standort
- mag frische bis feuchte, humose, schwach saure Böden
- alle Pflanzenteile sind giftig

ZIMMERARALIE

Fatsia japonica

Die Zimmeraralie stammt aus der Familie der Araliengewächse und ist in den tropischen Wäldern Japans und Südkoreas zu Hause. Sie ist ein immergrüner Strauch und wird in ihrer Heimat bis zu 4 m hoch. Bei uns ist die Aralie eine beliebte Zimmerpflanze für helle und kühle Räume. Sie hat große, ledrige, handförmige, 7–9 lappige Blätter, die bis 40 cm breit sind. Ältere Pflanzen blühen gelegentlich und bilden dann kleine schwarze Steinfrüchte.

>> **Giftstoffe und ihre Wirkung:** Der Verzehr der Früchte kann zu Reizungen im Magen- und Darmbereich führen. Die Pflanze ist für Hunde, Katzen und Kleintiere giftig.

ZAHLEN & FAKTEN

- Strauch, als Zierpflanze 1–2 m hoch
- Blüten weißlich, in Dolden stehend, in Topfkultur selten, Dezember bis Januar
- halbschattiger Standort, nicht zu warm
- mag durchlässige, humose, nährstoffreiche Erde
- alle Pflanzenteile sind giftig

SERVICE

Vergiftungsunfälle mit Pflanzen kommen selten vor, besonders wenn wir die wichtigsten Giftpflanzen kennen. Hier finden Sie einschlägige Literatur zu dem Thema. Sollten Sie dennoch den Verdacht haben, dass eine Vergiftung mit Pflanzen vorliegen könnte, kontaktieren Sie bitte einen Arzt und/oder eine Giftnotrufzentrale.

GIFTNOTRUFZENTRALEN

DEUTSCHLAND

BERLIN
Giftnotruf der Charité – Universitätsmedizin Berlin
Campus Benjamin Franklin, Haus VIII, UG
Hindenburgdamm 30, 12203 Berlin
Notruf: 030 - 192 40
E-Mail: giftnotruf@charite.de
Internet: giftnotruf.charite.de

BONN
Informationszentrale gegen Vergiftungen – Universitätsklinikum Bonn
Zentrum für Kinderheilkunde
Venusberg-Campus 1, Geb. 30, 53127 Bonn
Notruf: 0228 - 192 40
E-Mail: gizbn@ukbonn.de
Internet: gizbonn.de

ERFURT
Gemeinsames Giftinformationszentrum der Länder Mecklenburg-Vorpommern, Sachsen, Sachsen-Anhalt und Thüringen
c/o HELIOS Klinikum Erfurt
Nordhäuser Straße 74, 99089 Erfurt
Notruf: 0361 - 730 730
E-Mail: ggiz@ggiz-erfurt.de
Internet: www.ggiz-erfurt.de

FREIBURG
Vergiftungs-Informations-Zentrale Freiburg
Zentrum für Kinder- und Jugendmedizin
Universitätsklinikum Freiburg
Breisacher Straße 86 b, 79110 Freiburg
Notruf: 0761 192 40
E-Mail: Giftinfo@uniklinik-freiburg.de
Internet: www.uniklinik-freiburg.de/giftberatung.html

GÖTTINGEN
Giftinformationszentrum-Nord der Länder Bremen, Hamburg, Niedersachsen und Schleswig-Holstein
Universitätsmedizin Göttingen
Robert-Koch-Straße 40, 37075 Göttingen
Notruf: 0551 - 192 40 (für alle) und
0551 - 383 180 (für Fachleute)
E-Mail: Giznord@giz-nord.de
Internet: www.giz-nord.de

MAINZ

Giftinformationszentrum der Länder Rheinland-Pfalz und Hessen
Universitätsmedizin der Johannes Gutenberg-Universität Mainz
Langenbeckstraße 1, Gebäude 601, 55131 Mainz
Notruf: 06131 - 192 40
E-Mail: mail@giftinfo.uni-mainz.de (nicht für Notfälle!)
Internet: www.giftinfo.uni-mainz.de

MÜNCHEN

Giftnotruf München
Abteilung für Klinische Toxikologie
Klinikum rechts der Isar der Technischen Universität München
Ismaninger Straße 22, 81675 München
Notruf: 089 - 192 40
E-Mail: tox@mri.tum.de
Internet: toxikologie.mri.tum.de/de/giftnotruf-muenchen

ÖSTERREICH

WIEN

Vergiftungsinformationszentrale
Gesundheit Österreich GmbH
AKH Leitstelle 6 Q
Stubenring 6, A-1010 Wien
Notruf: +43 140 643 43
Sekretariat: +43 140 668 98
E-Mail: Viz@goeg.at
Internet: goeg.at/Vergiftungsinformation

SCHWEIZ

ZÜRICH

Schweizerisches Toxikologisches Informationszentrum – Tox Info Suisse
Freiestrasse 16, CH-8032 Zürich
Notuf: +41 442 515 151
Sekretariat: +41 442 516 666
E-Mail: Info@toxi.ch
Internet: www.toxi.ch

ZUM WEITERLESEN

Bohne, Burkhard (2019): **Kräuter: das Praxishandbuch**. Frankh-Kosmos, Stuttgart.

Frohne, Dietrich; Pfänder, Hans Jürgen (2004): **Giftpflanzen: Ein Handbuch für Ärzte, Apotheker, Toxikologen und Biologen**. Wissenschaftliche Verlagsgesellschaft, Stuttgart.

Hausen, Björn M.; Vieluf, I. K. (1997, 2. Aufl.): **Allergiepflanzen – Pflanzenallergene: Handbuch und Atlas der allergieinduzierenden Wild- und Kulturpflanzen**. Kontaktallergene, Allergische Frühreaktionen. ecomed Verlagsgesellschaft, Landsberg am Lech.

Nowak, Rainer (1998): **Notfallhandbuch Giftpflanzen. Ein Bestimmungsbuch für Ärzte und Apotheker.** Springer, Berlin.

Roth, Lutz; Daunderer, Max; Kormann, Kurt (2012, 6. Aufl.): **Giftpflanzen Pflanzengifte. Vorkommen, Wirkung, Therapie – allergische und phototoxische Reaktionen**. Nikol Verlagsgesellschaft, Hamburg.

IM NETZ

www.botanikus.de
www.burkhard-bohne.de

REGISTER

A

B

C

D

L

M

N

O

P

R

S

BILDQUELLEN

GAP Photos/Martin Hughes-Jones: S. 64
mauritius images: S. 17, 25, 27, 35, 40, 43, 51, 81 o., 86 u., 120 (beide)
PlantaPro – www.plantapro.de: S. 3 Mi. l., 13, 24, 38, 44, 54, 57, 86 o.
Shutterstock.com: AJSTUDIO PHOTOGRAPHY: S. 93 u.; akslocum: S. 79 o.; AkulininaOlga: S. 116 u.; Aleksfoto: S. 89 o.; Alexa Zari: S. 89 u.; Alexander62: S. 98 u.; Alexandra Giese: S. 39; alexmak7: S. 107 o.; alvant: S. 80 o.; anastasiia agafonova: S. 65; aniana: S. 58; Anna Gratys: S. 117 u.; Anna Karklina: S. 108 u.; Anna Partington: S. 93 o.; arenysam: S. 83 u.; Arina_BQueenborough: S. 88 u.; Bhrng: S. 70 u.; Chris Lawrence Travel: S. 99 o.; Christian Musat: S. 88 o.; COULANGES: S. 53; crystal-dream: S. 102 o.; dabjola: S. 59; Dmitrij Yakovets: S. 98 o.; doolmsch: S. 71 u.; Dziajda: S. 71 o.; Edgar Loehr Medien: S. 23; Edita Medeina: S. 118 u.; Elena Rostunova: S. 21; ElenVik: S. 70 o.; Elvin Photo: S. 79 u.; Flower_Garden: S. 90 u., 96 o.; Foxxy63: S. 49; Grigorii Pisotsckii: S. 3 u. l., 114 o.; guentermanaus: S. 11, 104 u., 108 o.; Hansie Oosthuizen: S. 103 o.; Hecos: S. 119 o.; Ilona5555: S. 114 u.; InfoFlowersPlants: S. 111 u.; ingehogenbijl: S. 94 o.; Irene Fox: S. 106 u.; Irina Borsuchenko: S. 33, 34, 92 o., 104 o.; islavicek: S. 121 o.; Iva Vagnerova: Umschlagfoto, S. 19, 45, 55; IvanaStevanoski: S. 78 u.; Jaroslav Machacek: S. 3 Mi. r., 75 o.; JIANG TIANMU: S. 61; Jirik V: S. 84 o., 91 u.; Kozak Sergii: S. 62; Ksenia Lada: S. 100 o.; lokkis: S. 82 o.; M. Schuppich: S. 8/9, 82 u., 112 o.; Madlen: S. 117 o., Manfred Ruckszio: S. 12, 31, 90 o.; Marek Mierzejewski: S. 101 o.; Mariola Anna S: S. 6, 29, 95 u.; Martin Fowler: S. 77 u.; Masami Reilly: S. 87 o.; Nancy J. Ondra: S. 28, 76 o.; NAPA: S. 72 o.; Natali22206: S. 80 u.; Natalya Chernyavskaya: S. 72 u.; NATTAPON JUIJAIYEN: S. 106 o.; Natural_p: S. 113 u.; nbnserge: S. 109 u.; Nerijus Jasudas: S. 110 o.; Nick Pecker: S. 42; Nicolette_Wollentin: S. 73 u.; Nikolay Kurzenko: S. 18; nnattalli: S. 4, 77 o.; Ole Schoener: S. 84 u.; OlgaOtto: S. 115 u.; Olya Maximenko: S. 99 u.; Ondrej Hajek: S. 113 o.; Orest lyzhechka: S. 3 o. r., 26, 32, 85 o., 101 u.; Oxik: S. 100 u.; papilliondream: S. 2, 16; Pavel Rumlena: S. 50; Pavla Kafka: S. 102 u.; Peter Turner Photography: S. 91 o., 103 u.; photoPOU: S. 76 u.; precinbe: S. 36/37; REN Photography: S. 87 u.; Rick Laing: S. 46; Rikke Filbaert: S. 68/69; Rob Lavers RIBA ARPS: S. 74 u.; Robert Biedermann: S. 63; S.O.E: S. 47, 83 o.; Sarema: S. 95 o.; Sergey V Kalyakin: S. 15; Silvia Dubois: S. 116 o.; simona pavan: S. 14, 41, 109 o., 112 u.; SITTISAK YODNUY: S. 67; Skyprayer2005: S. 74 o.; Smyshliaeva Oksana: S. 78 o.; Steidi: S. 118 o.; Svetlana Zhukova: S. 81 u.; tamu1500: S. 121 u.; Taveesak Pragobmai: S. 75 u.; The Indian fotografo: S. 97 o.; Thongseedary: S. 96 u.; topimages: S. 119 u.; Vitalfoto: S. 94 u.; WandererV: S. 97 u.; Warren Price Photography: S. 115 o.; weha: S. 22, 56, 111 o.; Wut_Moppie: S. 105 u.; Yoye Jantapoon: S. 73 o.; Zhaburovskyi Oleksii: S. 110 u.; Zhenny-zhenny: S. 66; Ziri ansah: S. 105 o.; Zvonareva Ekaterina: S. 92 u.; zzz555zzz: S. 52
Steffen Hauser/Botanikfoto: S. 10, 20, 30, 48

IMPRESSUM

Die in diesem Buch enthaltenen Empfehlungen und Angaben sind vom Autor mit größter Sorgfalt zusammengestellt und geprüft worden. Eine Garantie für die Richtigkeit der Angaben kann aber nicht gegeben werden. Autor und Verlag übernehmen keine Haftung für Schäden und Unfälle. Bitte setzen Sie bei der Anwendung der in diesem Buch enthaltenen Empfehlungen Ihr persönliches Urteilsvermögen ein.
Der Verlag Eugen Ulmer ist nicht verantwortlich für die Inhalte der im Buch genannten Websites.

Anmerkung zur Schreibweise (Gendering): Gendergerechtigkeit und Inklusion sind bei uns gelebte Praxis – bei der Auswahl unserer Themen, bei der Recherchearbeit, in der Gestaltung. Unsere Texte meinen alle. Damit unsere Inhalte jedoch gut lesbar bleiben, verzichten wir in diesem Werk auf die jeweilige Mehrfachnennung oder Anpassung der Schreibweise bestimmter Bezeichnungen an die weibliche, männliche oder diverse Form.

Bibliografische Information der Deutschen Nationalbibliothek
Die Deutsche Nationalbibliothek verzeichnet diese Publikation in der Deutschen Nationalbibliografie; detaillierte bibliografische Daten sind im Internet über http://dnb.d-nb.de abrufbar.

Wollgrasweg 41, 70599 Stuttgart (Hohenheim)
E-Mail: info@ulmer.de
Internet: www.ulmer.de

Projektleitung: Carolin Witte
Lektorat: Alessandra Kreibaum
Herstellung: Judith Schumann
Umschlaggestaltung, Layout und Satz:
Antje Warnecke, nordendesign.de
Reproduktion: time:ray, Jettingen
Druck und Bindung: Firmengruppe Appl,
aprinta Druck, Wemding
Printed in Germany

ISBN 978-3-8186-1624-3